基于水土交融的土木、水利与海洋工程专业系列教材

U0175997

GONGCHENG SHUIWEN YU SHUILI JISUAN
KECHENG SHEJI ZHINAN

工程水文与水利计算课程设计指南

主　编　刘丙军

副主编　胡茂川　蔡锡填　谭学志

中山大學出版社
SUN YAT-SEN UNIVERSITY PRESS
·广州·

版权所有　翻印必究

图书在版编目（CIP）数据

工程水文与水利计算课程设计指南/刘丙军主编；胡茂川，蔡锡填，谭学志副主编．—广州：中山大学出版社，2024.4

基于水土交融的土木、水利与海洋工程专业系列教材

ISBN 978-7-306-08061-5

Ⅰ．①工…　Ⅱ．①刘…　②胡…　③蔡…　④谭…　Ⅲ．①工程水文学—高等学校—教材　②水利计算—高等学校—教材　Ⅳ.①TV12　②TV214

中国国家版本馆 CIP 数据核字（2024）第 061588 号

出 版 人：王天琪
策划编辑：李海东
责任编辑：李海东
封面设计：曾　斌
责任校对：刘　丽
责任技编：靳晓虹
出版发行：中山大学出版社
电　　话：编辑部 020-84111996，84113349，84111997，84110779
　　　　　发行部 020-84111998，84111981，84111160
地　　址：广州市新港西路 135 号
邮　　编：510275　　　　传　真：020-84036565
网　　址：http://www.zsup.com.cn　　E-mail：zdcbs@mail.sysu.edu.cn
印 刷 者：广州市友盛彩印有限公司
规　　格：787mm×1092mm　1/16　7.25 印张　160 千字
版次印次：2024 年 4 月第 1 版　　2024 年 4 月第 1 次印刷
定　　价：30.00 元

如发现本书因印装质量影响阅读，请与出版社发行部联系调换

内 容 摘 要

本课程设计指南依据高等学校水利学科专业规范核心课程教材的建设要求，围绕工程水文与水利计算的实践需求，较系统地介绍了水文基础数据"三性"审查分析、水文频率分析、设计洪水过程线、水库防洪调度、水库兴利调度等工程水文与水利计算经典内容的设计原理与方法。各课程设计内容均配有工程实际案例，便于学生理解与掌握。

本课程设计指南可作为水利工程专业本科教学用书，也可以作为相关专业的教学参考书，还可以供市政工程、土木工程、交通工程等其他涉水专业的工程技术人员参考。

前　　言

工程水文与水利计算是水利工程专业的一门核心专业课程，包含工程水文分析与水利计算两部分内容。其中，工程水文分析的根本任务是分析河川、湖泊、水库、河口等水体的水文现象，为水利工程建设与运行管理提供水文情势分析与预测；水利计算的根本任务是根据工程水文分析提供的水雨情信息，研究提出经济合理和安全可靠的水利工程设计方案、规划设计参数和运行调度管理优化方案。

工程水文与水利计算又是一门工程实践性强的专业基础课程，要求理论与实践并重，提升学生掌握洪水过程线设计、防洪方案设计与兴利调度设计等专业基础知识的运用与实践能力。工程水文与水利计算课程设计指南按照高等学校水利学科专业规范核心课程教材的建设要求，围绕工程水文与水利计算的经典内容，注重理论联系实际，突出课程设计的层次逻辑性。首先，按照工程水文与水利计算分析对基础资料的统计分析要求，开展水文要素的"三性"审查分析；其次，针对变化环境下水文序列非一致性的影响，开展水文一致性频率分析与非一致性频率分析的方法原理设计；最后，针对工程水文与水利计算中经典的设计洪水过程线、水库防洪调度、水库兴利调度三个模块分别开展实验设计。本课程设计指南的另一个特点是结合实际案例，开展相关理论方法和设计原理的讨论与分析。

本课程设计指南由中山大学刘丙军、胡茂川、蔡锡填和谭学志编制完成。全书共分6章，各章的编写人员为：第1章至第4章由刘丙军、胡茂川编写，第5章由刘丙军、蔡锡填编写，第6章由刘丙军、蔡锡填和谭学志编写。本书得到了中山大学2023年教学质量与教学改革工程项目支持，在此表示由衷的感谢。研究生冯莹莹、张卡、赵紫春、林铭泽、范泳雅、陈艺琳、李小兰等也参加了部分内容的编写和排版。各章节的审核与定稿工作由刘丙军、胡茂川、蔡锡填完成。

在编写过程中，我们参考了已出版的许多教材和论著，力求在参考文献中详尽地列出，但可能有所遗漏。在此谨向相关作者，特别是向参考文献中没有列出的作者表示由衷的感谢。

我们力求做到精益求精，但由于水平有限，本课程设计指南中不当之处在所难免。恳请读者对书中的缺点和错误提出批评意见，以便今后进一步修改完善。

编者
2023 年 12 月

目录

contents

第1章 课程设计任务	**/001**
1.1 课程设计目的	/001
1.2 课程设计内容	/002
1.3 课程设计基本要求	/002
第2章 水文要素"三性"审查	**/003**
2.1 流域水文要素可靠性审查	/003
2.2 流域水文要素代表性审查	/003
2.2.1 差积曲线法	/004
2.2.2 滑动平均法	/004
2.2.3 逐年累积求统计参数法	/004
2.2.4 简单分波法	/005
2.2.5 傅里叶分析法	/005
2.2.6 功率谱分析法	/006
2.2.7 小波分析	/006
2.3 流域水文要素一致性审查	/007
2.3.1 Mann-Kendall 检验法	/007
2.3.2 线性趋势的相关系数检验法	/009
2.3.3 斯波曼（Spearman）秩次相关检验法	/009
2.3.4 累积距平法	/010
2.3.5 滑动平均法	/010
2.3.6 Pettitt 检验法	/010

　　　2.3.7　滑动 t 检验法　　　　　　　　　　　　　　/011

　　　2.3.8　Lee-Heghinian 法　　　　　　　　　　　　/011

　　　2.3.9　有序聚类分析法　　　　　　　　　　　　　/012

　　　2.3.10　水文情势突变法　　　　　　　　　　　　/012

　　　2.3.11　BFAST 法　　　　　　　　　　　　　　　/012

　　　2.3.12　双累积曲线法　　　　　　　　　　　　　/013

　　　2.3.13　Yamamoto 法　　　　　　　　　　　　　/013

　2.4　设计实例　　　　　　　　　　　　　　　　　　/013

　　　2.4.1　研究区概况　　　　　　　　　　　　　　　/013

　　　2.4.2　设计内容　　　　　　　　　　　　　　　　/017

　　　2.4.3　石角站代表性分析　　　　　　　　　　　　/017

　　　2.4.4　横石站代表性分析　　　　　　　　　　　　/024

　参考文献　　　　　　　　　　　　　　　　　　　　/031

第 3 章　水文频率分析　　　　　　　　　　　　　　/032

　3.1　流域水文频率分析方法　　　　　　　　　　　　/032

　　　3.1.1　经验频率分析　　　　　　　　　　　　　　/032

　　　3.1.2　一致性频率分析理论曲线类型　　　　　　　/033

　　　3.1.3　非一致性频率分析理论曲线类型　　　　　　/034

　　　3.1.4　频率曲线参数估计方法　　　　　　　　　　/036

　3.2　设计实例　　　　　　　　　　　　　　　　　　/038

　　　3.2.1　设计内容　　　　　　　　　　　　　　　　/038

　　　3.2.2　石角站频率分析　　　　　　　　　　　　　/038

　参考文献　　　　　　　　　　　　　　　　　　　　/043

第 4 章　设计洪水分析实验　　　　　　　　　　　　/044

　4.1　由洪水推求设计洪水　　　　　　　　　　　　　/044

　　　4.1.1　设计洪水计算　　　　　　　　　　　　　　/044

　　　4.1.2　设计洪水过程线推求　　　　　　　　　　　/049

4.2　由暴雨推求设计洪水　　　　　　　　　　　　　　　/051
　　4.2.1　设计暴雨量计算　　　　　　　　　　　　　　/051
　　4.2.2　设计暴雨的时空分配　　　　　　　　　　　　/055
　　4.2.3　由设计暴雨推求设计洪水　　　　　　　　　　/057
4.3　设计实例　　　　　　　　　　　　　　　　　　　/062
　　4.3.1　设计内容　　　　　　　　　　　　　　　　　/062
　　4.3.2　横石站设计洪水过程线拟定　　　　　　　　　/062
　　4.3.3　飞来峡水利枢纽设计洪水过程线拟定　　　　　/071
　　4.3.4　无资料小流域百年一遇设计洪水过程线拟定　　/072
参考文献　　　　　　　　　　　　　　　　　　　　　　/074

第5章　水库防洪调度实验　　　　　　　　　　　　　　　/075

5.1　水库防洪调度计算的目的　　　　　　　　　　　　　/075
5.2　水库防洪调度计算原理　　　　　　　　　　　　　　/076
　　5.2.1　设计洪水和校核洪水的调洪演算　　　　　　　/076
　　5.2.2　坝顶高程的复核　　　　　　　　　　　　　　/078
　　5.2.3　水库特征曲线　　　　　　　　　　　　　　　/078
5.3　设计实例　　　　　　　　　　　　　　　　　　　/079
　　5.3.1　设计内容　　　　　　　　　　　　　　　　　/079
　　5.3.2　设计洪水的调洪演算　　　　　　　　　　　　/080
　　5.3.3　校核洪水的调洪演算　　　　　　　　　　　　/082
　　5.3.4　调洪演算结果及分析　　　　　　　　　　　　/083
　　5.3.5　坝顶高程的复核　　　　　　　　　　　　　　/084
参考文献　　　　　　　　　　　　　　　　　　　　　　/084

第6章　水库兴利调度实验　　　　　　　　　　　　　　　/085

6.1　水库兴利调度计算的目的　　　　　　　　　　　　　/085
6.2　水库兴利调度计算原理　　　　　　　　　　　　　　/086
　　6.2.1　设计年径流量的推求　　　　　　　　　　　　/086

    6.2.2 死水位的选择 /086

    6.2.3 正常蓄水位的选择 /089

    6.2.4 兴利调度计算 /091

6.3 设计实例 /092

    6.3.1 研究区概况 /092

    6.3.2 设计内容 /095

    6.3.3 推求设计年径流量 /096

    6.3.4 推求水库特征曲线 /097

    6.3.5 确定死水位和死库容 /100

    6.3.6 需水量估算 /101

    6.3.7 兴利调度计算 /102

参考文献 /104

第1章 课程设计任务

1.1 课程设计目的

"工程水文与水利计算"是水利类专业的一门重要的专业基础课程，主要任务是研究和收集各种水文要素的资料，用适当的方法和规定的格式整编成系统完整的水文资料，并运用这些资料分析水文要素变化规律，拟定并选择经济合理和安全可靠的水利工程设计方案、规划设计参数和调度运行方式，供国民经济各部门和水利工程建设规划设计等阶段使用。该课程实践性强，为了在理论教学基础上进一步强化计算原理和方法，进一步与实际工程设计运用相结合，进一步提高学生的实践操作能力，为今后走上工作岗位从事相关的工作打下坚实的基础，需要进行课程设计训练。

工程水文与水利计算课程设计是水利工程专业实践教学体系中的重要环节之一，其目的主要体现在以下几个方面：

(1)巩固与运用理论教学的基本概念、基础知识。课程设计实践环节与理论课程相对应，是将基本理论和知识转化为实践活动的纽带。通过课程设计，可以加深对水文计算和水利计算原理的认识和理解，掌握水文与水利计算的基本步骤，在实际工程资料基础上进行原始资料理解、提取、审查、处理等，为后期的工程设计服务。

(2)培养学生查阅和使用各种规范、规程、手册和资料的能力。完成一个课程设计，仅仅局限于教材中的内容是远远不够的，需要查阅和运用相关的规范、规程、标准、手册和图集等资料。学生在完成课程设计的过程中进行文献检索，一方面有助于提高课程设计的质量；另一方面可以培养学生查阅各种资料和应用规范、规程的能力，为毕业设计(论文)打下坚实的基础。

(3)培养学生工程设计意识。课程设计实践环节使学生完成从基本理论知识的学习到工程技术的学习的过渡，通过课程设计可培养学生工程设计意识。如一个完整的设计洪水过程，从资料的"三性"审查、历史特大洪水的调查考证、资料的插补延长、水文频率分析、再到洪水过程线的拟定等环节，学生对所遇的问题依据水文水利计算的基本原理，结合实践经验，综合考虑各方面因素，确定合理的分析方法，力求取得最经济、安全、合理的设计方案。

(4)熟悉设计步骤与相关的设计内容。通过课程设计教学环节的训练，使学生熟悉设计的基本步骤和程序，掌握主要设计过程的设计内容与设计方法。

(5)培养学生设计计算能力。工程水文与水利计算课程设计除了涉及本课程的设计计算内容外，还涉及其他专业课程的相关知识。课程设计对学生加深对各门课程之间的纵横向联系的理解，学会综合运用水利工程各课程的知识完成工程设计计算，是一项十分有益的训练。

(6)培养学生分析和解决工程实际问题的能力。结合实际工程案例，将学生的设计任务与现实工程案例相结合，使学生既受到全面的设计训练，也通过具体工程问题的处理，提高学生分析问题和解决工程实际问题的能力。

(7)培养学生团结协作和语言表达能力。工程水文与水利计算课程设计可通过分组开展和答辩环节，培养学生分工协作能力、逻辑思维能力和语言表达能力。

1.2 课程设计内容

工程水文和水利计算课程设计内容与理论课程相对应，包括水文资料的"三性"审查、水文频率分析、设计洪水计算、水库防洪演算和水库兴利调度计算等。课程设计训练任务可以是其中某一部分内容也可以是全部内容。需要注意的是，有些设计任务包含了多个设计环节，如水库的防洪调度设计需完成水文资料"三性"审查、水文频率分析、设计洪水过程线和水库调洪演算等内容，又如水库兴利调度设计需完成水文资料的"三性"审查、水文频率分析、设计年径流计算与水库兴利调度分析等内容。

1.3 课程设计基本要求

工程水文和水利计算课程设计的成果为课程设计计算说明书。说明书应装订成册，一般由封面、目录、课程设计主体内容、参考文献、附录、致谢和封底等部分组成。

(1)封面。封面要素包括名称(工程水文与水利计算课程设计)、学院及专业名称、学生姓名、学号、班级、指导教师姓名以及日期等。

(2)目录。编写目录时应注意与主体内容相对应，细致划分、重点突出。

(3)主体内容。课程设计主体内容应按照设计内容要求，选择适当的设计计算方法，记录全部的设计计算过程，条理清晰，依据明确，图表清楚。

(4)参考文献。参考文献中列出主要的参考文章、书籍，编号应与正文相对应。

(5)附录。附录包括课程设计任务书、主要设计依据资料，运用计算机进行计算的应附上计算程序。

(6)致谢和封底。对在设计过程中给予自己帮助的教师、同学等给予感谢。

第 2 章 水文要素"三性"审查

2.1 流域水文要素可靠性审查

可靠性指水文资料是否存在人为或天然原因造成的错误。审查一般可从以下几个方面进行：

(1)水位资料的审查。检查原始水位资料情况，是否存在水位基面不一致，并分析水位过程线形状从而了解当时观测质量，研讨有无不合理的现象。

(2)水位流量关系曲线的审查。检查水位流量关系曲线绘制和延长的方法，并分析历年水位流量关系曲线变化情况。

(3)水量平衡的审查。根据水量平衡原理，上、下游站的水量应该平衡，即下游站的径流量应等于上游站径流量加区间径流量。通过水量平衡的检查，即可衡量径流资料的精度。

2.2 流域水文要素代表性审查

水文序列代表性是指水文样本序列的频率分布对于总体分布的代表程度。水文序列代表性高是指这个样本序列的频率分布接近其总体分布；也可以说该序列内既包括相适应的大、中洪水，又包括相适应的小洪水和枯水。用具有代表性的样本序列计算的三个统计参数(均值、变差系数 C_v、偏态系数 C_s)与总体分布的三个统计参数会相接近，由此推求的相应各频率数值与总体相应各频率数值也会相接近；否则就不能算是具有代表性。换句话说，样本是否具有代表性，应以其能否代表总体的特征为衡量标准。但是，总体是指在同一气候、地理条件下非常长期的序列，而水文序列的频率是一种后验概率，其总体分布事先是无法确切知道的。因此，只能从抽样误差的概念来说明代表性的高低。从数理统计的观点来看，水文序列越长，抽样误差越小，其分布越接近于总体。在实际工作中，由于计算序列总是较短的，样本能否近似地反映总体的分布特征(即是否具有代表性)，需要进行分析论证后才能判定。本教材主要从以下几个方面来考虑序列是否具有代表性：①计算序列是否包含大、中、小洪水（或丰、平、枯水）；②样本容量是否大于一个序列周期的长度；③统计参数的变化是否稳定；④样本是否包含历史洪水的信息。

2.2.1 差积曲线法

天然来水流量（或水位）过程线的累积值即为累积水量（或累积水位）。来水流量（或水位）过程线减去一个常流量（或常水位）之后，求出它的累积值即为差积水量（或差积水位）。以差积水量（或差积水位）为纵坐标，以时间为横坐标的图形称为水量（或水位）差积曲线。水量（或水位）差积曲线是流量（或水位）过程曲线减去一个常流量（或常水位）后的积分曲线，常流量（或常水位）一般取平均流量（或平均水位）。

差积曲线法是分析一个地点水量丰枯变化的常用方法。差积曲线的坡度向下时表示为枯水期，向上时表示为丰水期，水平时则表示为接近于平均值的平水年。若差积曲线呈长时期连续下降，就表示长时期的连续干旱；反之，则表示连续多水。曲线坡度愈大，表示水量丰枯变化程度愈剧烈。

通过差积曲线能方便地认识某一地区来水的丰、平、枯特性。如果某一水文序列含有适度的丰、平、枯水，则认为该序列具有较高的代表性。

2.2.2 滑动平均法

对序列 x_1, x_2, …, x_n 的几个前期值和后期值取平均，或总共 $2k$ 或 $2k+1$ 个相连值取平均，求出新的序列 y_t，使原序列 x_t 光滑化，这就是滑动平均法。

采用 m 年（一般取 $m=1$, 2, …, 10）滑动平均值的做法，对于认识某一地点的洪水周期性有其方便之处。这是因为取 m 年滑动平均值可以消除小于 m 年的小波动，而把大于 m 年的周期性明显地表示出来。

从研究水文序列长期变化的资料来看，一个地区的水文序列变化常常具有大水年组和小水年组的循环交替，但其周期并不像太阳黑子变化——每 11 年一个周期那样稳定，而是一种近似的周期性波动。因此可以认为，当实测资料长度有连续几个周期（至少一个）以上时，才基本具备对总体的代表性。

2.2.3 逐年累积求统计参数法

洪水平均值是随年数的加长而趋于稳定的，绘制均值与年数的关系曲线能很好地反映这种特性。这种累积均值曲线的波动幅度需多长的年数才能比较稳定，视具体的序列而定。它主要取决于丰枯变化的程度和长短，且与起讫年份有关。

与逐年累积求均值法一样，也可以用相同的方法分析 C_v 值的稳定性。一般而言，序列的统计参数越稳定，其代表性越高。

2.2.4　简单分波法

简单分波法是将水文时间序列看成由不同周期的规则波动叠加而成，在提取周期时是逐步分解出一些比较明显的周期成分，最后叠加起来作为该时间序列的周期项。对水文时间序列 x_1，x_2，$\cdots$，x_n，假设序列中有 k 年周期，将序列按 k 年一组共分成 m 组，定义检验统计量为：

$$F = \frac{Q_3^2/(k-1)}{Q_2^2/(n-k)} \sim F(k-1,\ n-k)。 \tag{2.1}$$

式中：n 为样本容量；Q_2^2 为组内离差平方和；Q_3^2 为组间离差平方和。

对给定的显著性水平 α，确定 F_α 值。当 $F > F_\alpha$ 时，认为有 k 年周期；否则，不存在 k 年周期。若在检验中有两个或两个以上的周期显著，则取 F 值最大的周期作为该序列的第一周期。

若检验的序列有 k 年周期，则以各组组内均值作为 k 年的周期值，在原序列中依次减去第一周期值，得到第一余波值，记为 $A(t)$。对 $A(t)$ 重复上述计算过程，则得到第二周期及第二余波 $B(t)$。将这个过程重复 L 次，则得到 L 个周期及相应的余波，系列的周期项即由这 L 个周期成分叠加而成。从原序列中剔除这 L 个周期成分后的序列通常可作为随机项处理。通常情况下，L 越大，则最后余波的方差越小，但实际中不能强求均方差一定要很小。

2.2.5　傅里叶分析法

傅里叶分析法可以实现从时域到频域的转换，连续时间序列 $x(t)$ 的傅里叶变换可以表示为：

$$X(\omega) = \int_{-\infty}^{\infty} x(t)\,\mathrm{e}^{-j\omega t}\,\mathrm{d}t。 \tag{2.2}$$

计算得到 $X(\omega)$ 为时间序列 $x(t)$ 的频谱。在水文分析中，得到的是连续序列 $x(n)$ 的离散采样值 $x(t)$，因此需要利用离散序列 $x(n)$ 来计算频谱（即离散傅里叶变换）。有限长离散序列 $x(n)$（$n=0$，1，$\cdots$，$N-1$）的离散傅里叶变换定义为：

$$X(k) = \sum_{n=0}^{N-1} x(n)(W_N)^{kn} \qquad (k=0,\ 1,\ \cdots,\ N-1)。 \tag{2.3}$$

式中：$W_N = \exp\left(-j\dfrac{2\pi}{N}\right)$。为提高计算效率，可采用快速傅里叶变换（FFT）。

2.2.6 功率谱分析法

功率谱分析法是以傅里叶变换为基础的频域分析方法，基本原理是将时间序列的总能量分解到不同频率上，根据不同频率的波的方差贡献诊断出序列的主要周期，从而确定出周期的主要频率，即序列隐含的显著周期。

(1) 计算样本落后自相关系数。

$$r(j) = \frac{1}{n-j} \sum_{i=1}^{n-j} \left(\frac{x_i - \bar{x}}{s}\right)\left(\frac{x_{i+j} - \bar{x}}{s}\right) \qquad (0 \leqslant j \leqslant m)_\circ \tag{2.4}$$

式中：m 为最大滞后时间长度。

(2) 粗谱估计。

$$\hat{s}_k = \frac{1}{m}\left[r(0) + 2\sum_{j=1}^{m-1} r(j)\cos\frac{k\pi j}{m} + r(m)\cos k\pi\right] \qquad (k = 0,\ 1,\ 2,\ \cdots,\ m)_\circ \tag{2.5}$$

(3) 计算平滑功率谱。为消除粗谱估计的抽样误差，采用 Hanning 平滑系数对粗谱估计作平滑处理：

$$\begin{cases} s_0 = 0.5\hat{s}_0 + 0.5\hat{s}_1 \\ s_k = 0.25\hat{s}_{k-1} + 0.5\hat{s}_k + 0.25\hat{s}_{k+1}_\circ \\ s_m = 0.5\hat{s}_{m-1} + 0.5\hat{s}_m \end{cases} \tag{2.6}$$

(4) 显著性检验。为确定谱值，再对谱进行显著性检验。为了确定谱值在哪一波段最突出，并了解该谱值的统计意义，给定一个标准过程谱进行比较。根据序列是否具有持续性，可采用红噪声标准谱和白噪声标准谱，在给定的显著性水平下进行显著性检验。

2.2.7 小波分析

小波函数是小波分析结果的关键。对于同一信号或时间序列，选择的基小波函数不同，所得结果往往存在差异。在实际应用中，应针对具体情况选择合适的基小波函数。目前广泛使用的小波函数有 Haar 小波、Mexican hat 小波、Morlet 小波、Daubechies 小波等。在分析水文现象的多时间尺度时，Morlet 小波常常被采用。此处以 Morlet 小波为例。Morlet 小波分析的基本思想是用一簇小波函数系表示或逼近某一信号或函数，即：

$$\int_{-\infty}^{+\infty} \psi(t)\,\mathrm{d}t = 0, \tag{2.7}$$

$$\psi_{a,b}(t) = |a|^{-\frac{1}{2}} \psi\left(\frac{t-b}{a}\right) \qquad (b \in R,\ a \in R,\ a \neq 0)_\circ \tag{2.8}$$

式中：$\psi(t)$ 为基小波函数；$\psi_{a,b}(t)$ 为子小波，其中 a 为尺度因子，b 为时间因子。对给定的原始信号 $f(t) \in L^2(\mathbf{R})$ [$L^2(\mathbf{R})$ 为实数 $\mathbf{R}$ 空间所有 Lebesgue 平方可积函数集]，其连

续小波变换可定义为：

$$w_f(a, b) = |a|^{-1/2} \int_{-\infty}^{+\infty} f(t)\bar{\psi}\left(\frac{t-b}{a}\right)\mathrm{d}t, \tag{2.9}$$

$$Var(a) = \int_{-\infty}^{+\infty} |w_f(a, b)|^2 \mathrm{d}b。 \tag{2.10}$$

式中：$w_f(a, b)$ 为小波变换系数；$Var(a)$ 为小波方差，反映了信号波动的能量随尺度 a 的分布，因此可确定一个时间序列中存在的主周期和不同尺度扰动的相对强度。

2.3　流域水文要素一致性审查

流域资料的一致性分析属于水文资料合理性检查的重要工作内容，是在资料的代表性和可靠性分析基础之上的进一步检验。人类活动的影响和气候变化的影响是影响资料一致性的两个重要因素。水文资料的非一致性是指其分布形式或（和）分布参数在整个序列时间范围内发生了显著变化。水文资料的非一致性主要表现为趋势性和跳跃性。水文序列在相当长时期内向上或向下缓慢变动的变化称为趋势；水文序列在某个时间点的前后表现出来的从一种状态过渡或者变化到另一种状态的急剧变化形式称为跳跃，包括均值跳跃、方差跳跃等。

2.3.1　Mann-Kendall 检验法

在时间序列趋势分析中，Mann-Kendall 检验是世界气象组织推荐并已广泛使用的非参数检验方法，最初由 Mann 和 Kendall 提出，许多学者不断应用该方法来分析降水、径流、气温和水质等要素时间序列的趋势变化。Mann-Kendall 检验不需要样本遵从一定的分布，也不受少数异常值的干扰，适用于水文、气象等非正态分布的数据，计算简便。

在 Mann-Kendall 检验中，原假设 H_0：时间序列数 $(x_1, x_2, \cdots, x_n)$ 是 n 个独立的、随机变量同分布的样本；备择假设 H_1 是双边检验：对于所有的 k，$j < 0$，且 $k \neq j$，x_k 和 x_j 的分布是不相同的，检验的统计变量 S 计算如下：

$$S = \sum_{k=1}^{n-1} \sum_{j=k+1}^{n} \mathrm{sgn}(x_j - x_k), \tag{2.11}$$

$$\mathrm{sgn}(x_j - x_k) = \begin{cases} +1 & x_j - x_k > 0 \\ 0 & x_j - x_k = 0 \\ -1 & x_j - x_k < 0 \end{cases}。$$

式中：x_j、x_k 分别为第 j、k 个样本值；n 为样本容量；sgn 为符号函数，返回一个数的正负。

统计量 S 服从正态分布, 其均值 $E(S)$ 和方差 $Var(S)$ 为:

$$E(S) = 0, \tag{2.12}$$

$$Var(S) = \frac{n(n-1)(2n+5) - \sum_{i=1}^{n} t_i i(i-1)(2i+5)}{18}。 \tag{2.13}$$

式中: t_i 表示水文要素序列中出现 i 次的数据个数。

当 $n > 10$ 时, 检验统计量 Z 通过下式计算:

$$Z = \begin{cases} \dfrac{S-1}{\sqrt{Var(S)}} & S>0 \\ 0 & S=0 \\ \dfrac{S+1}{\sqrt{Var(S)}} & S<0 \end{cases}。 \tag{2.14}$$

这样, 在给定的 α 置信水平上, 利用 Z 的值进行趋势统计的显著性检验。Z 值为正, 表明有上升趋势; Z 值为负, 表明有下降趋势。如果 $|Z| \geq Z_{1-\alpha/2}$, 则表明在 α 置信水平上, 时间序列数据存在明显的上升或下降趋势; 否则上升或下降趋势不明显。

当 Mann-Kendall 检验进一步用于检验序列突变时, 检验统计量与上述 Z 有所不同。构造一秩序列:

$$S_k = \sum_{i=1}^{k} r_i \qquad (k=2, 3, \cdots, n), \tag{2.15}$$

$$r_i = \begin{cases} +1 & x_i > x_j \\ 0 & 否 \end{cases} \qquad (j=1, 2, \cdots, n)。 \tag{2.16}$$

秩序列 S_k 是第 i 时刻数值大于 j 时刻数值个数的累计数。在时间序列随机独立的假定下, 定义统计量:

$$UF_k = \frac{S_k - E(S_k)}{\sqrt{Var(S_k)}} \qquad (k=1, 2, \cdots, n)。 \tag{2.17}$$

其中, $UF_1 = 0$。$E(S_k)$, $Var(S_k)$ 分别是累积数 S_k 的均值和方差, 在 $x_1, x_2, \cdots, x_n$ 相互独立且有相同连续分布时, 它们可由下式算出:

$$E(S_k) = n(n+1)/4, \tag{2.18}$$

$$Var(S_k) = n(n-1)(2n+5)/72。 \tag{2.19}$$

UF 序列为标准正态分布, 在显著性水平 α 下, 若 $|UF_i| > U_\alpha$, 则表明序列存在明显的趋势变化。同理, 按照时间序列 X 的逆序列 $x_n, x_{n-1}, \cdots, x_1$, 重复上述过程, 同时使 $UB_k = -UF_k$ ($k=n, n-1, \cdots, 1$), $UB_1 = 0$。

分析绘出 UF_k 和 UB_k 曲线图, 若 UF_k 或 UB_k 的值大于 0, 则表明序列呈上升趋势, 小于 0 则表明呈下降趋势。当它们超过临界直线时, 表明上升或下降趋势显著, 超过临界线的范围确定为出现突变的时间区域。若 UF_k 和 UB_k 两条曲线出现交点且交点在临界线之间，那么交点对应的时刻便是突变开始的时间。

2.3.2 线性趋势的相关系数检验法

在研究气候变化或降水变化时，气候学上常用线性趋势法来拟合气候的变化趋势。线性趋势法即用 x_i 表示样本量为 n 的气候变量（降水、温度、湿度等），用 t_i 表示 x_i 所对应的时间，建立 x_i 与 t_i 之间的一元线性回归：

$$x_i = a + bt_i \quad (i=1, 2, \cdots, n)。 \tag{2.20}$$

式中：a 为回归常数；b 为回归系数（也称倾向值），表示气候变量 x_i 的趋势倾向（当 $b>0$ 时，说明 x_i 随时间 t 的增加呈上升趋势），反映了变量的上升或下降的幅度大小。

最小二乘估计为：

$$\begin{cases} b = \dfrac{\sum\limits_{i=1}^{n} x_i t_i - \dfrac{1}{n}\sum\limits_{i=1}^{n} x_i \sum\limits_{i=1}^{n} t_i}{\sum\limits_{i=1}^{n} t_i^2 - \dfrac{1}{n}\left(\sum\limits_{i=1}^{n} t_i\right)^2} \\ a = \bar{x} - b\bar{t} \end{cases} 。 \tag{2.21}$$

其中：

$$\bar{x} = \frac{1}{n}\sum_{i=1}^{n} x_i, \quad \bar{t} = \sum_{i=1}^{n} t_i。 \tag{2.22}$$

时间 t_i 与变量 x_i 之间的相关系数 r 可表示为：

$$r = \sqrt{\frac{\sum\limits_{i=1}^{n} t_i^2 - \dfrac{1}{n}\left(\sum\limits_{i=1}^{n} t_i\right)^2}{\sum\limits_{i=1}^{n} x_i^2 - \dfrac{1}{n}\left(\sum\limits_{i=1}^{n} x_i\right)^2}} 。 \tag{2.23}$$

通过计算回归系数 b（倾向值）和相关系数 r，对流域内各站点的气候数据进行拟合分析，计算出气候数据的相关系数 r。若 r 为正则为上升趋势，若 r 为负则有下降趋势。若 $|r|$ 小于 $r_{0.05}=0.2875$，则其变化趋势不明显；若 $|r|$ 大于 $r_{0.05}$，则其变化趋势较为显著。

2.3.3 斯波曼（Spearman）秩次相关检验法

分析序列 x_t 与时序 t 的相关关系，在运算时，x_t 用其秩次 R_t（即把序列 x_t 从大到小排列时，x_t 所对应的序号）代表，t 仍为时序（$t=1, 2, \cdots n$），秩次相关系数为：

$$r = 1 - \frac{6\sum\limits_{t=1}^{n} d_t^2}{n^3 - n} 。 \tag{2.24}$$

式中：n 为序列长度，$d_t = R_t - t$。显然，如果秩次 R_t 与时序 x_t 相近时 d_t 小，秩次相关系

数 r 大，趋势显著。

相关系数 r 是否异于零，可采用 t 检验法。统计量

$$t = r\left(\frac{n-4}{1-r^2}\right)^{1/2} \tag{2.25}$$

服从自由度为 $n-2$ 的 t 分布。原假设为无趋势。检验时，先按式（2.25）计算 t；然后选择信度水平 a，在 t 分布表中查出临界值 $t_{a/2}$；当 $t > t_{a/2}$，拒绝原假设，说明序列随时间有相依关系，从而推断序列趋势显著；相反，则接受原假设，认为趋势不显著。

2.3.4 累积距平法

累积距平法是一种由曲线直观判断变化趋势的常用方法。其核心是离散数据大于平均值，累积距平值增大，曲线呈现上升趋势；反之，则呈下降趋势。在某一时刻 t，对于水文样本序列 x_1，x_2，$\cdots$，x_n，累积距平表示为：

$$S_t = \sum_{i=1}^{t} (x_1 - \bar{x}), \tag{2.26}$$

$$\bar{x} = \frac{1}{n}\sum_{i=1}^{n} x_1 。 \tag{2.27}$$

点绘出 S_t–t 曲线，可根据曲线的变化进行初步的趋势分析。

2.3.5 滑动平均法

滑动平均法是对水文时间序列 x_1，x_2，$\cdots$，x_n 中连续的 $2L$ 或 $2L+1$ 个数取平均值，求出新的序列 y_t，使原序列光滑。其数学表达式为：

$$y_t = \frac{1}{2L+1}(x_{t-L} + x_{t-(L-1)} + \cdots x_t + x_{t+1} + \cdots + x_{t+L}) 。 \tag{2.28}$$

在求得新序列 y_t 后，绘制新序列下的曲线。因平均作用，新序列的随机起伏与原序列相比减小了且更加平滑，可以过滤掉序列中频繁的随机起伏，显示出整体变化的趋势。所选的连续个数不同，曲线的平滑程度也就不同。滑动平均法常与其他趋势检验法相结合使用，能够直观看出水文时间序列的变化趋势。

2.3.6 Pettitt 检验法

Pettitt 检验法是研究水文序列突变点的常用方法之一，前提是序列存在趋势性变化。其核心是通过研究同一序列在突变点前后的累积分布函数是否存在显著差异，来确定突变点是否为水文数据分割点。该检验使用 Mann-Whitney 的统计量 $U_{t,N}$ 来检验同一个总体 $x(t)$ 的两个样本。统计量 $U_{t,N}$ 的公式为：

$$U_{t,N} = U_{t-1,N} + \sum_{i=1}^{N} \text{sgn}(x_t - x_i) \qquad (t = 2, 3, \cdots, N)。 \tag{2.29}$$

式中：若 $x_t - x_i > 0$，则 $\text{sgn}(x_t - x_i) = 1$；若 $x_t - x_i = 0$，则 $\text{sgn}(x_t - x_i) = 0$；若 $x_t - x_i < 0$，则 $\text{sgn}(x_t - x_i) = -1$。

统计量 K_N 计算公式如下：

$$K_N = \max_{1 \leqslant t \leqslant N} |U_{t,N}|。 \tag{2.30}$$

相关概率的显著性统计量 p 计算公式如下：

$$p = 2\exp\left[-6(K_N)^2 / (N^3 + N^2)\right]。 \tag{2.31}$$

Pettitt 检验的零假设为序列无变异点，若 $p \leqslant 0.05$，则认为 t 点为显著变异点。

2.3.7　滑动 t 检验法

滑动 t 检验法是将连续的水文气象序列分成两个子序列 x_1 和 x_2，长度分别为 n_1 和 n_2，均值分别为 $\bar{u}_1$ 和 $\bar{u}_2$，方差分别为 S_1^2 和 S_2^2，判断其均值差异是否超过一定的显著性水平，从而确定有无发生突变。

统计量 t 计算公式如下：

$$t = \frac{\bar{u}_1 - \bar{u}_2}{\sqrt{\dfrac{n_1 S_1^2 + n_2 S_2^2}{n_1 + n_2 - 2}} \sqrt{\dfrac{1}{n_1} + \dfrac{1}{n_2}}}。 \tag{2.32}$$

其中，t 服从自由度为 $n_1 + n_2 - 2$ 的 t 分布。给定显著性水平 α，确定临界值 t_α，若 $|t| > t_\alpha$，则认为在分割点处发生突变；否则，认为分割点前后的两段序列无显著差异。

2.3.8　Lee-Heghinian 法

Lee-Heghinian 法是基于贝叶斯理论的方法，其基本原理为：对于水文时间序列 $x(t)$，假定总体为正态分布，且可能变异点 τ 的先验分布为均匀分布的情况下，推得 τ 的后验分布为：

$$f(\tau \mid x_1, x_2, \cdots, x_n) = k\left[n / \tau(n - \tau)\right]^{\varphi} [R(\tau)]^{-(n-2)/2} \qquad (1 \leqslant \tau \leqslant n-1)， \tag{2.33}$$

$$R = \left[\sum_{t=1}^{\tau} (x_t - \bar{x}_\tau)^2 + \sum_{t=\tau+1}^{n} (x_t - \bar{x}_{n-\tau})^2\right] \Big/ \sum_{t=1}^{n} (x_t - \bar{x}_n)^2。 \tag{2.34}$$

式中：k 为比例常数；n 为样本容量。由后验分布，将满足 $\max_{1 \leqslant \tau \leqslant n-1}[f(\tau \mid x_1, x_2, \cdots, x_n)]$ 条件的 τ 记为 τ_0，作为可能变异点。最后结合变异点的成因分析，得出最可能的变异点。

2.3.9　有序聚类分析法

有序聚类分析法实质为推求最优分割点，使得同类水文样本间的离差平方和较小，而不同类之间的离差平方和较大。对于样本长度为 n 的水文序列，任意假定某一点 τ 为突变点，将水文序列分成两段，统计两段样本的离差平方和 $S_n(\tau)$，其计算公式为：

$$S_n(\tau)=\sum_{i=1}^{\tau}(x_i-x_1)^2+\sum_{i=\tau+1}^{n}(x_i-x_2)^2。 \tag{2.35}$$

式中：x_1 和 x_2 分别为突变点 τ 前后序列的均值。根据上述有序聚类分析法的原则，找到 $S_n(\tau)$ 的最小值，则相应的 τ 为水文样本的突变点。

2.3.10　水文情势突变法

水文情势突变指标（runoff situation index，RSI）可应用于检测水文气象序列的多个突变点。对于给定的时间序列 x_1，x_2，$\cdots$，x_n，假设 m 为第一个突变点，用 t 检验计算子序列 x_1，x_2，$\cdots$，x_m 和 x_{m+1}，x_{m+2}，$\cdots$，x_n 平均值的差异。具体公式如下：

$$\varphi=x_{R_2}-x_{R_1}=t\sqrt{2\sigma_m^2/m}。 \tag{2.36}$$

式中：φ 表示变异点前后两个序列的均值差异；x_{R_1} 和 x_{R_2} 分别是变异点前后两个序列的均值；t 表示在给定的显著性水平下，自由度为 $2m-2$ 时 t 分布的临界值；σ_m 表示突变点 m 之前数据组成的时间序列的标准差。

序列突变指标计算公式如下：

$$RSI_{i,j}=\sum_{i=j}^{j+q}\frac{x_i-(x_{R_1}+\varphi)}{m\sigma_m}。 \tag{2.37}$$

2.3.11　BFAST 法

BFAST（breaks for additive seasonal and trend）法是一种时间序列分解模型，通过迭代时间序列的方法将时间序列分解为趋势项、季节项与残差项。其理论模型如下：

$$Y_t=T_t+S_t+\phi_t \qquad (t=1，\cdots，n)。 \tag{2.38}$$

式中：Y_t 是 t 时刻的观测数据；T_t 和 S_t 分别是长期趋势项和季节项；ϕ_t 是残差项。假设趋势项 T_t 检测出有 T_1，$\cdots$，T_m 个断点，则趋势项的线性表达式如下：

$$T_i=\alpha_i+\beta_i t \qquad (\tau_{i-1}<t\leqslant\tau_i，i=1，\cdots，m)。 \tag{2.39}$$

式中：α_i 和 β_i 分别为线性模型的截距和斜率；i 为突变点所在位置。

季节项 S_t 采用分段线性季节模型进行拟合。假设 t_1，$\cdots$，t_p 为季节突变点，则拟合出的线性模型为：

$$S_t = \sum_{k=1}^{K} \gamma_k \sin\left(\frac{2\pi kt}{f} + \delta_k\right)。 \tag{2.40}$$

式中：参数 γ_k 和 δ_k 分别表示振幅和相位；f 表示频率。在拟合分段线性模型之前，使用基于最小二乘法的滑动求和检验判断是否存在突变点。

2.3.12　双累积曲线法

双累积曲线实质是基于两个变量在直角坐标系中连续累积值的关系曲线。使用该法，要求两个变量相关性较高，有正比关系。设有两个变量 X 和 Y，观测期为 N 年，按照年序计算变量 X 和变量 Y 的累积值，得到新的逐年累积序列 X_i' 和 Y_i'。公式如下：

$$X_i' = \sum_{i=1}^{N} X_i, \tag{2.41}$$

$$Y_i' = \sum_{i=1}^{N} Y_i。 \tag{2.42}$$

若所得关系曲线的斜率在某一点发生变化，则该点所对应的年份即为突变时间。

2.3.13　Yamamoto 法

Yamamoto 法通过检验两个随机样本均值的差异显著性来判定是否发生突变。其基本原理为：对于时间序列，人为设定一个基准年，将序列分为前后两个子序列，计算基准年的突变指数 S/N(信噪比)。公式如下：

$$S/N = |x_1 - x_2| / (S_1 + S_2)。 \tag{2.43}$$

式中：x_1 和 x_2 分别为基准年前 m_1 年和 m_2 年时间段内的平均值；S_1 和 S_2 则分别为其标准偏差。

通过在时间段内连续设置基准年，得到突变指数 S/N 的时间序列。当 $S/N > 1$ 时定义为突变，$S/N > 2$ 时定义为强突变。

2.4　设计实例

2.4.1　研究区概况

1. 自然地理特征

北江属珠江水系，是广东省境内一条重要河流，地理位置在东经 111°52′—114°41′，北纬 23°09′—25°41′。北江流域贯穿广东省的北部和中部，流经南岭和珠江三角洲平原，思贤滘以上干流长 468 km（其中广东省境内 458 km），流域面积 46710 km²（其中广东省境内 43240 km²，其余在湖南、江西等省境内）。整个流域呈扇形，周围大山环亘，北有南岭与长江分界，东有九连山、滑石山、瑶岭与东江分界，西有与湘桂交界的萌渚岭与西江分界，并连二托山、大罗山接向东翼山脉。分水岭最高点是南岭的画眉山，海拔1673 m；流域内最高点为中西部大东山，主峰海拔 1929 m。北江在广东省境内涉及韶关市、清远市、肇庆市、河源市、广州市以及佛山市。

北江流域地形总体趋势是北高南低，全流域山地丘陵多，平原较少。中游河段比较顺直，其间有香炉峡、大庙峡、盲仔峡和飞来峡四个峡谷，出飞来峡后逐渐平坦，最后与珠江三角洲接壤。总落差 305 m，河道平均比降为 0.26‰。地面高程在 500 m 以上的山区占 20%，50～500 m 的丘陵占 70%，50 m 以下的平川约占 10%。

北江流域属亚热带季风气候，季风影响显著。阳光充足，热量丰富，多年平均日照时数约 1700 h；北部连山日照时数最少，全年不足 1500 h。流域多年平均气温19～21℃，最高 38～42℃，最低-3～-7℃。大气环流随季节变化，夏半年盛吹东南风和偏南风，冬半年常为北风和偏北风，多年平均风速 1～2 m/s。四季的主要特点是：春季阴雨，雨日较多；夏季高温湿热，水汽含量大，暴雨集中；秋季常有热雷雨和台风雨；冬季低温，雨量稀少，北部有短期冰雪，高山地带有积雪和冰凌出现，南部则极罕见。北部霜期 2 个月左右，以连山最长，达 75 d，其他区域 30 d 左右。平均霜日北部约15 d，其他区域 10 d 左右。

2. 河流水系

北江流域内集雨面积超过 1000 km² 的支流有墨江、锦江、武江、南花溪、南水、滃江、烟岭河、连江、青莲水、潖江、滨江、绥江、凤岗河等 13 条，其中一级支流 9 条，按叶脉状排列，从东西两侧汇入干流。由于部分支流汇口距离比较接近，易造成洪水集中，来势凶猛。当春夏之际，海洋暖湿气团往内陆积送，常受阻于南岭山脉，故流域内暴雨多，量大而急剧，洪水为患频繁。主要河流情况如表 2.1 所示。

表 2.1　主要河流情况

河流名称	发源地	河口	集雨面积/km²	河长/km	比降/‰
北江	江西信丰石碣	番禺小虎山淹尾	52068	573	0.22
		三水思贤滘	46710	468	0.26
墨江	始兴棉坑顶	始兴上江口	1367	89	2.38
锦江	江西崇义竹洞	曲江江口	1913	108	1.71

（续上表）

河流名称	发源地	河口	集雨面积/km²	河长/km	比降/‰
武江	湖南临武三峰岭	韶关沙洲尾	3734	152	0.91
南花溪	湖南宜章白公坳	乐昌水口	1188	117	3.36
南水	乳源安墩头	曲江孟洲坝	1489	104	4.83
翁江	翁源船肚东	英德东岸咀	4847	173	1.24
烟岭河	英德羊子崀	英德狮子口	1029	61	1.55
连江	连州三姊妹峰	英德江头咀	10061	275	0.77
青莲水	阳山猛石坑	阳山青莲	1221	85	5.28
滃江	佛冈东天蜡烛	清远汛沙村	1386	82	1.74
滨江	清远大雾山	清远飞水口	1728	100	0.81
绥江	连山擒鸦岭	四会马房	7130	226	0.25
凤岗河	连南涩洞	怀集上角	1222	102	3.59

3. 水位

最高洪水位一般发生于 5—7 月，最低水位一般发生在 12 月前后，洪峰出现最频繁的是在 5 月中旬至 6 月中旬。随着水利建设，连江、翁江建成航运梯级，中、高水位变化受到一定人为影响。长湖水库大坝距翁江口只有 12 km，水库蓄泄对北江水位有一定影响；飞来峡水库的建成对下游清远、三水段的水位变化也影响较大。主要测站最高、最低水位如表 2.2 所示。

表 2.2　主要测站水位特征值

单位：m

河名	站名	统计年限	平均水位	最高		最低	
				水位	出现时间	水位	出现时间
浈江	小古菉	1959—1998	105.75	110.19	1964.6.14	104.78	1966.10.5
锦江	仁化	1954—1998	87.34	92.95	1973.6.28	86.10	1977.3.29
浈江	长坝	1953—1997	58.11	64.97	1966.6.23	55.63	1997.3.14
武江	坪石	1953—1998	150.81	160.18	1968.6.25	148.99	1966.10.8
武江	乐昌	1951—1988	84.12	90.30	1994.6.17	83.21	1997.1.8

（续上表）

河名	站名	统计年限	平均水位	最高		最低	
				水位	出现时间	水位	出现时间
北江	韶关	1947—1998	49.17	57.27	1994.6.17	47.77	1994.1.30
北江	马径寮	1956—1989	31.33	41.76	1994.6.18	29.80	1963.9.4
武江	犁市	1956—1998	54.80	62.13	1994.6.17	54.01	1989.5.21
瀚江	瀚江	1955—1988	94.50	103.35	1964.6.15	93.54	1998.12.22
北江	横石	1954—1998	12.73	23.96	1994.6.19	10.47	1987.2.24
北江	清远	1950—1998	8.75	16.37	1994.6.19	6.43	1998.12.20
北江	石角	1952—1998	6.11	14.74	1994.6.19	3.29	1998.12.20
连江	高道	1955—1998	21.24	34.17	1982.5.13	19.46	1998.12.26
滃江	大庙峡	1960—1988	44.05	51.55	1988.5.25	43.30	1970.3.1
绥江	石狗	1970—1998	11.02	16.92	1955.7.22	9.37	1955.5.2
滨江	珠坑	1959—1988	19.37	33.71	1982.5.12	17.98	1972.3.25

4. 径流

北江流域多年平均径流深 1104 mm，多年平均径流量 477.5 亿 m^3。年径流深的地区分布与年降雨量的地区分布趋势大体一致。南雄、始兴、仁化、乐昌、坪石一带呈一条走廊低值区，径流深在 800 mm 以下，径流系数 0.5 左右；年径流高值区位于南水上游，即梯下、白竹、坪溪一带，径流深达 1600 mm。径流的年内分配特点基本与降水量一致，年内分配不均衡，汛期径流量占全年径流量的 75%～80%。

径流的年际变化比雨量的年际变化大，年径流变差系数一般为 0.30～0.45，年径流的最大年与最小年比值达到 4～6；年雨量变差系数一般为 0.20～0.25，最大年与最小年比值达到 2～4。

5. 洪水

北江流域的洪水一般出现在 4—7 月，每年汛期发生洪水 3～4 次，每次洪水历时 7～15 d，洪水暴涨暴落，水位变幅大。北江洪水的特点是峰高而量相对不大，涨落历时相对较短，锋形尖瘦。由于经常出现断续多次降雨过程，洪水过程线也呈连续性多峰形式。

北江洪水形成于暴雨，每场较大的洪水，干支流往往同属一个雨区，加上河系呈对称的叶脉状分布,洪水容易集中。洪水以 5—6 月发生的机会为最多,但 4 月和 7 月也经常发生。历史上的几次特大洪水(1915 年和 1931 年)都在 7 月上、中旬出现。北江干流横石站 1982 年 5 月 13 日最高水位为 23.61 m,最大洪峰流量为 18000 m³/s,其次是 1994 年 6 月 19 日,最高水位为 23.96 m,最大洪峰流量为 17500 m³/s;武江犁市站 1994 年 6 月 17 日最高水位为 62.13 m,最大洪峰流量为 4330 m³/s,浈江浈湾站 1966 年 6 月 23 日最高水位为 64.97 m,最大洪峰流量为 4730 m³/s。最大洪峰出现时间,除连江与干流相应外,其余支流出现洪峰时间不大一致。

6. 水利工程

至 2014 年,北江流域建成飞来峡水利枢纽、乐昌峡水利枢纽、南水、孟洲坝、锦江(仁化)、潭岭、长湖、锦潭、小坑、白石窑、濛里、清远水利枢纽等共 12 宗大型水库,以及中型水库 50 宗、小(一)型水库 184 宗、小(二)型水库 721 宗。

北江流域现有堤围 30 条,共长 482.09 km。其中,重点堤围(保护范围 5 万亩①以上)7 条,一般堤围(保护范围 1 万～5 万亩)23 条。

北江流域现有大中型水闸 36 宗;按照规划,干流共布置 16 个梯级水电站,总装机 448 MW,年发电量 16.183 亿 kW·h。

2.4.2 设计内容

利用水文序列代表性分析方法,选择石角水文站和横石水文站(以下分别简称石角站、横石站)两个站点中任意站点资料,分析年最大洪峰流量序列、年最大 1 d 洪量(洪水总量的简称)序列、年最大 3 d 洪量序列、年最大 7 d 天洪量序列的代表性。

2.4.3 石角站代表性分析

1. 差积曲线

对经过数据预处理得到的石角站年径流总量数据,利用差积曲线法公式进行差积处理,得到如图 2.1 所示曲线。

---

① "亩"虽是废弃单位,但在实际生活中仍广泛应用。为保持资料原貌和数据的完整性(换算会有约数或小数点),本书仍根据数据的原始面貌,保留"亩"的应用。

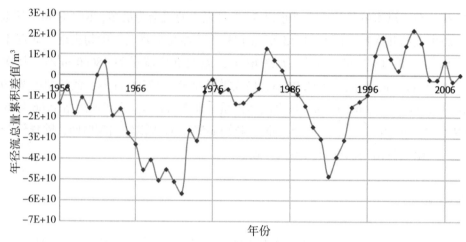

图 2.1　石角站年径流总量差积曲线

从图 2.1 可以看出，1956—2008 年间，石角站年径流总量时序变化呈现多次上升与下降的波动情况。1956—1960 年，年径流总量累积差值为负，曲线经历两次小幅上升再小幅下降的波动变化，说明出现交替的丰、枯水年。1960—1962 年，曲线保持上升，至 1962 年差积值为正，说明此期间出现连续两年的丰水年。1962—1972 年，曲线呈现显著总体下降的趋势，直至 1972 年差积值达到 53 年内最低，其中 1962—1963 年下降坡度最大，此期间有三次小幅波动，说明出现整体上较为连续的枯水年，且 1963 年的干旱程度最剧烈。1972—1976 年，曲线总体上升，其中 1972—1973 年上升坡度较大，说明出现连续丰水年，且 1973 年北江流域的年径流总量较大，当年极有可能发生了洪涝。1976—1980 年，曲线总体下降但坡度较小，且 1979—1980 年接近水平，说明 1980 年为平水年。1980—1983 年，曲线连续三年上升，1982—1983 年上升坡度也较大，说明出现连续丰水年且 1983 年可能发生了洪涝。之后直到 1991 年，曲线连续下降，1991 年的差积水量仅高于 1972 年，说明出现连续多年的枯水年且 1991 年很可能严重干旱。1991 年后的 7 年内，曲线连续上升，其中 1993—1994 年、1996—1997 年上升坡度最大，说明不仅出现连续的丰水年，而且 1994 年、1997 年很可能发生了洪涝。1998—2008 年期间，曲线明显波动且差积值均为正，其中 2003—2004 年下降坡度较大，说明 2004 年干旱程度较高。

通过差积曲线的趋势分析可知，1956—2008 年的 53 年内，北江流域大致经过了三个显著的洪涝期（1972—1976 年、1979—1983 年、1991—1998 年）以及两个显著的干旱期（1962—1972 年、1983—1991 年）。经文献查阅发现，珠江流域在 1951—2005 年历经了三个洪涝期与两个干旱期，基本印证该分析结果。此外，靖娟利等 2021 年通过降水量的时空变化研究，表明 2000 年以后干湿波动比较频繁，降水量总体呈上升趋势，这与曲线在 1998—2008 年期间的趋势相吻合。

通过曲线趋势可以看出，下降坡度较大的年份有 1963 年、1991 年、2004 年，表明北江流域此三年干旱程度较剧烈。相关文献也证实，1963 年是历史上罕见的特大干旱年，珠江流域内大部分地区春季雨量较常年偏小 50% 以上，年雨量偏小 20% 左右，因此造成全流域的大旱，受旱成灾面积近 50 年一遇，受灾时间长、范围广、旱情重。根据珠江水利委员会统计，1991 年春季广西 8 个地区（市）平均降雨量为 199 mm，比历年同期均值少 35%；1988—1993 年珠江流域连续 5 年干旱。2004 年，广东省遭遇了罕有的严重干旱，1—10 月份降水量仅 1295 mm，比常年同期偏少 3 成，为 1963 年以来同期降水量最少的年份，是自新中国成立以来第 3 个最旱年份。珠江流域 2004—2005 年水文年为一个特枯水年，珠江三角洲来水少于往年，西江为 20 年一遇枯水年，北江、东江为 50 年一遇特枯水年。

1973 年、1983 年、1994 年、1997 年，曲线上升坡度较大，表明北江流域当年可能发生了洪涝。1973 年是广东省特大涝年，北江流域发生 10 年一遇洪水。可能是受到 1982 年强厄尔尼诺事件的影响，1983 年主要降水出现在非汛期时段，是灾害性的涝年。1994 年，由于"94·6"暴雨，北江流域遭受 50 年一遇洪水，洪涝波及广东全省面积的 2/3，直接经济损失为 146 亿元。1997 年 7 月上、中旬，由于受西南低槽和西南季风及静止锋的共同影响，流域内连续降了暴雨至大暴雨，局部特大暴雨，致使北江水位急剧上涨，造成北江中下游出现了约 20 年一遇的大洪水。这场洪水过程涨水快，退水慢，高水维持时间长，为历史少见。

经过上述分析可以看出，差积曲线不断波动，同时包含连续大幅下降范围和连续上升范围，表明石角站在 1956—2008 年期间存在严重干旱和多水的年份，且丰、枯水年交替出现。即石角站 1956—2008 年的水文序列含有适度的丰、平、枯水，因此可以认为该序列具有较高的代表性。

2. 滑动平均曲线

对经过数据预处理得到的石角站年径流总量数据，利用滑动平均法处理，得到如图 2.2、图 2.3、图 2.4 所示曲线。

（1）$m=1$ 时，曲线不断波动且趋势杂乱，年径流总量在年径流总量（虚线）附近频繁上下摆动，不具有周期性。其原因为窗口取值为 1，曲线呈现原序列趋势，对低频随机起伏未做平均处理，无抑制随机误差，使得平滑效果不好，应当增大窗口取值。

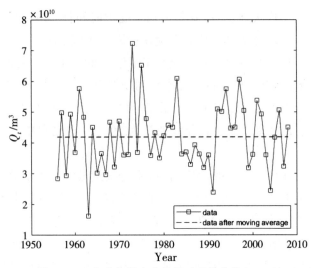

图 2.2 石角站年径流总量滑动平均曲线($m=1$)

（2）$m=5$ 时，平滑处理后的曲线在平均值（虚线）附近出现较明显的规律波动，可大致看出两个周期，分别为 1958—1978 年和 1979—2002 年。但是，此时一个周期包含两个峰值，表明波动未稳定，平滑效果有待提升。

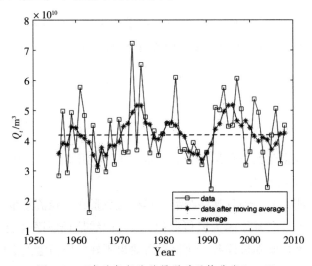

图 2.3 石角站年径流总量滑动平均曲线($m=5$)

（3）$m=10$ 时，平滑处理后的曲线在平均值（虚线）附近出现显著的规律波动，并可以清晰看出两个周期，分别为 1958—1980 年和 1981—2001 年。此时波动趋于稳定，说明平滑效果较好。

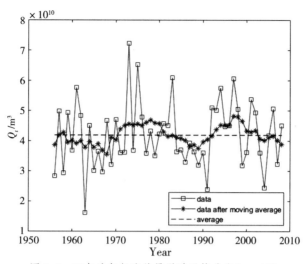

图 2.4　石角站年径流总量滑动平均曲线($m=10$)

（4）$m=15$ 时，平滑处理后的曲线趋势与图 2.4($m=10$)类似，也可以看出两个周期，分别为 1961—1983 年和 1984—2005 年。波动较 $m=10$ 时更加平稳，平滑效果已经较好，但其周期反而不易分辨。

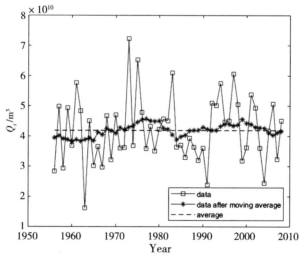

图 2.5　石角站年径流总量滑动平均曲线($m=15$)

经过选取合适的窗口（$m=10$），使用滑动平均法处理石角站水文序列，可以得到其每个周期大约为 20 年，并且 53 年的资料内包含了两个连续的周期。此外，周期外的其他部分（1956—1958 年、2002—2008 年）虽然不完整，但是与完整的周期具有良好的相似性。因此，该序列长度大于两个连续完整周期，可以认为其对总体具有代表性。

3. 逐年累进统计参数曲线

对经过数据预处理得到的石角站年径流总量数据，分别求其累进均值、累进 C_v 值并绘制曲线，得到如图 2.6(a)、图 2.7(a)所示曲线。亦可计算统计参数累进值的相对误差，得到图 2.6(b)、图 2.7(b)，通过相对误差随年份加长的变化情况进一步量化均值、C_v 的稳定程度。

(1)年径流总量累进均值曲线及其相对误差。从图 2.6(a)可以看出，石角站 53 年水文序列中，其年径流总量均值随资料年份延长逐渐趋于稳定，且大致需要 40 年。由图 2.6(b)显示，累进均值随序列年份加长，先从最高约 30%降低到约 12%，接着在 −6%～−4%范围内波动，之后接近 0，最终稳定在 2%～4%内。最终误差范围与上述差积曲线分析吻合，序列后期年份即 2000 年以后降水量总体呈上升趋势且干湿波动比较频繁。因此，年径流总量均值的相对误差随资料年份延长逐渐趋于稳定(在 2%～4%附近)，误差范围较小，故可以认为该序列资料具有一定的稳定性。

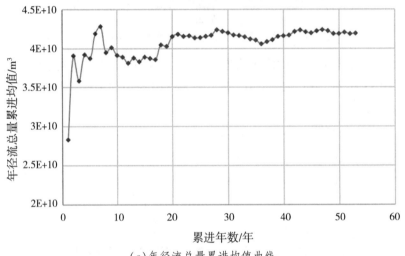

(a)年径流总量累进均值曲线

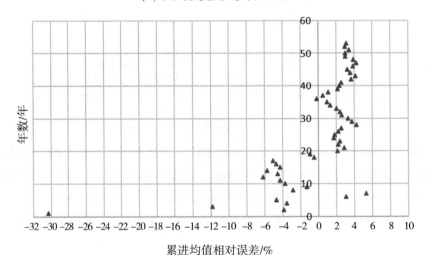

(b)年径流总量累进均值相对误差分布

图 2.6　年径流总量累进均值曲线及其相对误差分布

(2) 年径流总量累进 C_v 值曲线及其相对误差。从图 2.7(a) 可以看出，石角站 53 年水文序列中，其年径流总量 C_v 值随资料年份延长逐渐趋于稳定，且大致需要 35 年。图 2.7(b) 显示，序列长度在 30 年内时，年径流总量 C_v 值相对误差在 -16%～16% 范围波动较大；随着序列年份加长，相对误差逐渐稳定在 -5%～-2% 内。因此，可以认为该序列资料具有一定的稳定性。

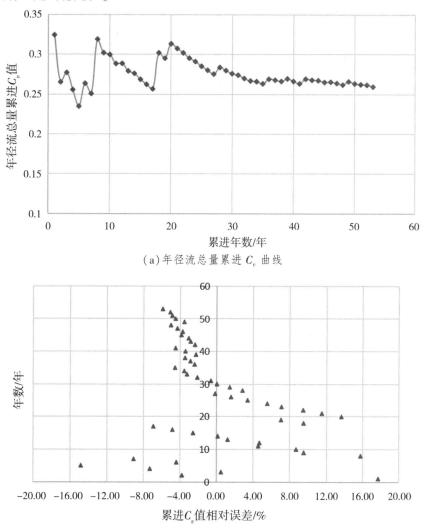

(a) 年径流总量累进 C_v 曲线

(b) 年径流总量累进 C_v 相对误差分布

图 2.7　年径流总量累进 C_v 曲线及其相对误差分布

经过计算石角站年径流总量序列的累进均值和累进 C_v 值可以发现，尽管一开始曲线波动较大，但是随着资料年份的延长，其均值和 C_v 值都在序列长度内趋于稳定，并且相对误差的绝对值都稳定在 5% 内，因此可以认为该序列对总体具有代表性。此外，一开始曲线波动较大，表明北江流域径流量在此 53 年期间丰、枯水年交替较为频繁。

2.4.4 横石站代表性分析

1. 差积曲线法

差积曲线图可以直观反映水文站历年径流总量的丰、枯情况。当差积曲线在某一时段一年或几年的斜率大于0时，表明该时段平均年径流总量大于多年平均径流总量；当差积曲线的斜率小于0时，表明该时段平均年径流总量小于多年平均径流总量；当差积曲线水平或围绕一个数值小范围波动时则是平水期。

分别对横石站逐年洪峰序列、最大1d洪量序列、最大3d洪量序列、最大7d洪量序列，利用差积曲线法公式进行差积处理，得到如图2.8所示曲线。

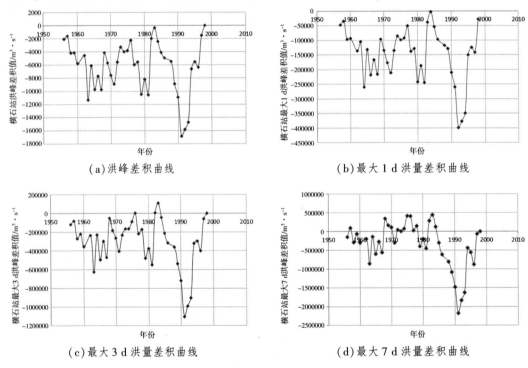

(a)洪峰差积曲线　　　　　　　　(b)最大1d洪量差积曲线

(c)最大3d洪量差积曲线　　　　　　　(d)最大7d洪量差积曲线

图2.8　横石站洪峰及最大1d、3d、7d洪量差积曲线

从图2.8可以看出，横石站洪峰及最大1d、3d、7d洪量差积曲线的趋势十分类似，因此对其分析只述其一：1957—1962年曲线总体下降，其中1958—1959年差积值基本不变，1961—1962年下降坡度最大，说明此期间出现了平水年。1963—1981年曲线频繁波动，往复上升后下降，说明此期间丰、枯水年交替出现。1981—1983年曲线持续上升，其中1981—1982年上升坡度最大，说明此期间出现连续两年的丰水年。1983—1991年，曲线持续下降，其中1990—1991年下降坡度极大，说明此期间出现连续的枯水年，且1991年干旱程度应该较为剧烈。1992—1998年曲线总体上升，其中1993—

1994年上升坡度极大，说明1994年很可能发生了洪涝。这与上述石角站引用的文献资料及分析相吻合。

经横石站差积曲线分析可知，横石站1956—1998年的43年序列内包含适度的丰、平、枯水年，并存在严重干旱(如1991年)和多水(如1994年)的年份，且丰、枯水年交替出现。因此，可以认为横石站洪峰及最大1 d、3 d、7 d洪量序列均具有较高的代表性。

2. 滑动平均法

分别对横石站逐年洪峰序列、最大1 d洪量序列、最大3 d洪量序列、最大7 d洪量序列，利用滑动平均法处理，得到图2.9至图2.12所示曲线。

从图2.9至图2.12可以看出，横石站洪峰及最大1 d、3 d、7 d洪量的滑动平均曲线趋势十分类似。$m=1$时，序列的随机误差未被抑制，故曲线不断波动，无法显示一定规律；$m=4$时，曲线呈现多个显著的周期性波动，分别为1964—1971年、1971—1978年、1978—1985年，此期间洪峰及最大1 d、3 d、7 d洪量均表现为先上升后下降的趋势，周期长度为7年，随后1985—1990年曲线持续下降，但序列后期年份1990—1997年仍然表现为先上升后下降的趋势，因此可以认为此时平滑效果已经较好；$m=7$及$m=10$时，曲线仍然能呈现周期波动趋势，平滑效果较好，但由于此时窗口过大，反而不易分辨单个周期。

经过选取合适的窗口($m=4$)，使用滑动平均法处理横石站水文序列，可以得到其洪峰及最大1 d、3 d、7 d洪量的变化周期大约为7年，并且43年的序列长度内包含三个连续完整的周期。此外，虽然1985—1990年期间5年内下降趋势明显，但是随后1990—1997年7年内曲线变化依旧类似上述三个完整周期。因此，可以认为横石站的洪峰及最大1 d、3 d、7 d洪量序列均对其总体具有代表性。

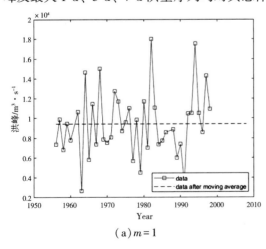

(a) $m=1$

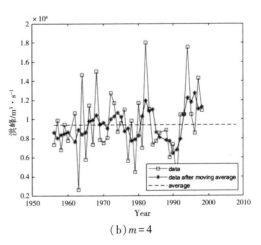

(b) $m=4$

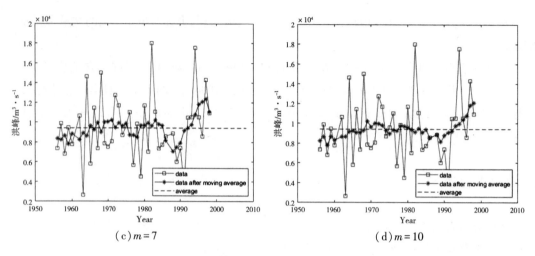

图 2.9　横石站洪峰滑动平均值曲线

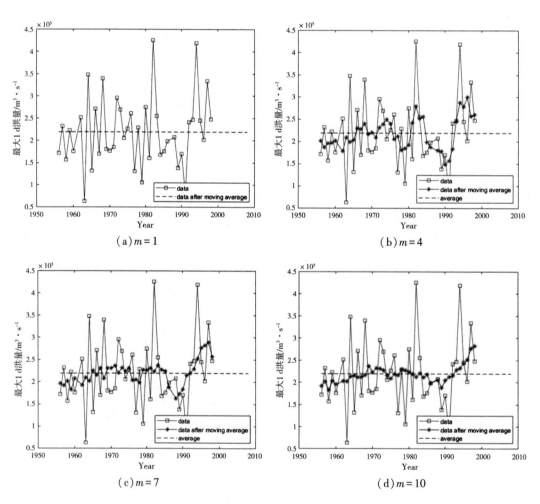

图 2.10　横石站最大 1 d 洪量滑动平均值曲线

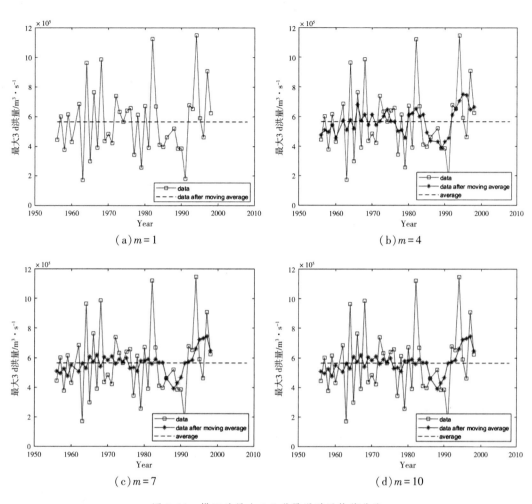

图 2.11　横石站最大 3 d 洪量滑动平均值曲线

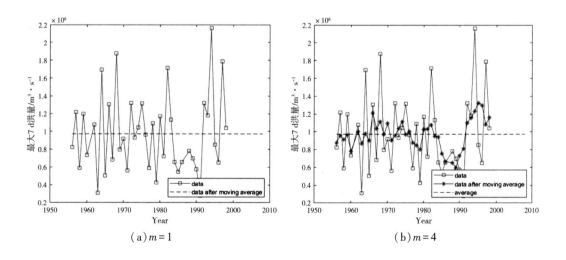

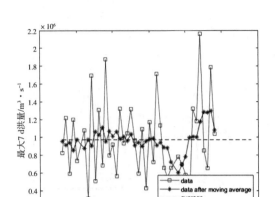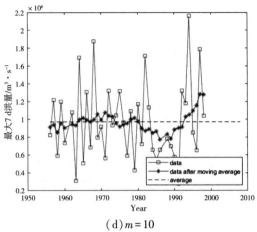

(c) $m=7$　　　　　　　　(d) $m=10$

图 2.12　横石站最大 7 d 洪量滑动平均值曲线

3. 逐年累积统计参数曲线法

对横石站逐年洪峰序列、最大 1 d 洪量序列、最大 3 d 洪量序列、最大 7 d 洪量序列，分别求其累积均值、累积 C_v 值并绘制曲线和统计参数累积值的相对误差，得到图 2.13 至图 2.16，通过相对误差随年份加长的变化情况进一步量化均值、C_v 的稳定程度。

横石站洪峰及最大 1 d、3 d、7 d 洪量逐年累积均值、C_v 曲线的趋势十分类似。从图 2.13(a)至图 2.16(a)可以看出，1956—1998 年横石站水文序列中，其洪峰及最大 1 d、3 d、7 d 洪量的累积均值一开始波动较大，之后随资料年份加长逐渐趋于稳定，大致需要 20 年。图 2.13(c)至图 2.15(c)显示，横石站洪峰及最大 1 d、3 d 洪量累积均值的相对误差先在 -20%～5% 范围内杂乱波动，随年份加长逐渐收敛于 0～5% 以内，相对误差逐渐稳定在较小范围内。从图 2.16(c)看出，横石站最大 7 d 洪量累积均值相对误差现在 -20%～15% 范围内跳动，当序列长度达到 15 年左右后，其值逐渐稳定在 ±5% 以内。因此，横石站洪峰及最大 1 d、3 d、7 d 洪量序列的均值确实随着序列资料的年份加长而趋于稳定。

从图 2.13(b)至图 2.16(b)可以看出，1956—1998 年横石站水文序列中，其洪峰及最大 1 d、3 d、7 d 洪量的累积 C_v 值约在序列长度达到 15 年后趋于稳定，且均在 1.0 上下浮动。图 2.13(d)至图 2.15(d)显示，横石站洪峰及最大 1 d、3 d 洪量累积 C_v 值的相对误差均在序列长度延长至 25 年后稳定在 0～7% 内规律变化。图 2.16(d)表明，横石站最大 7 d 洪量累积 C_v 值的相对误差在序列长度小于 15 年时，在 -20%～10% 范围内波动较大，当序列长度在 15～25 年之内，其值稳定在 0～5%，年份继续延长，其值保持在 ±5% 范围内规律变化。因此，结合相对误差随年份延长而趋于稳定，在较小范围内变化，可以认为横石站洪峰及最大 1 d、3 d、7 d 洪量序列的 C_v 值确实随着序列资料的年份加长而趋于稳定。

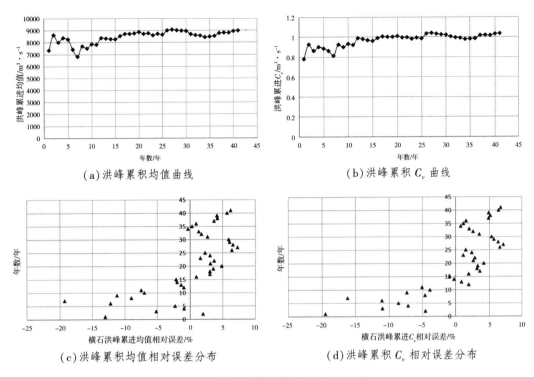

（a）洪峰累积均值曲线

（b）洪峰累积 C_v 曲线

（c）洪峰累积均值相对误差分布

（d）洪峰累积 C_v 相对误差分布

图 2.13 横石站洪峰累积统计参数曲线

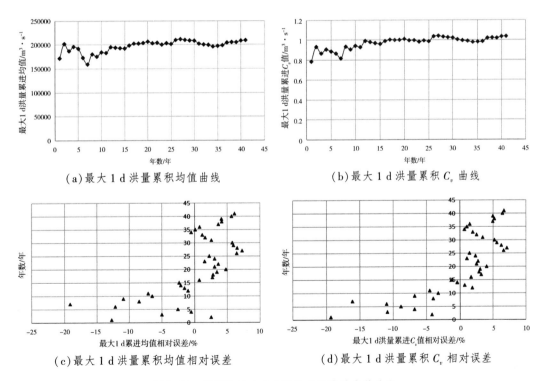

（a）最大 1 d 洪量累积均值曲线

（b）最大 1 d 洪量累积 C_v 曲线

（c）最大 1 d 洪量累积均值相对误差

（d）最大 1 d 洪量累积 C_v 相对误差

图 2.14 横石站最大 1 d 洪量累积统计参数曲线

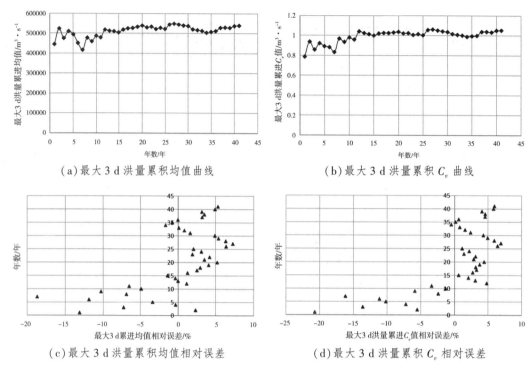

（a）最大 3 d 洪量累积均值曲线 　　　　（b）最大 3 d 洪量累积 C_v 曲线

（c）最大 3 d 洪量累积均值相对误差　　（d）最大 3 d 洪量累积 C_v 相对误差

图 2.15　横石站最大 3 d 洪量累积统计参数曲线

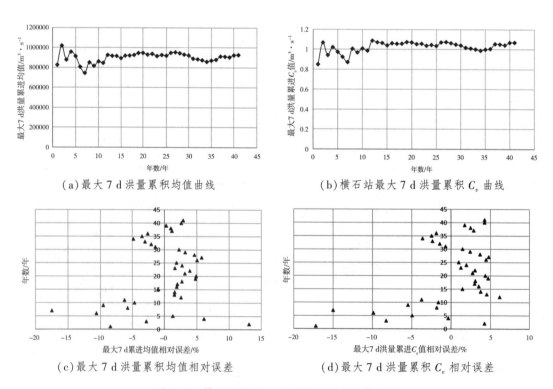

（a）最大 7 d 洪量累积均值曲线 　　　　（b）横石站最大 7 d 洪量累积 C_v 曲线

（c）最大 7 d 洪量累积均值相对误差　　（d）最大 7 d 洪量累积 C_v 相对误差

图 2.16　横石站最大 7 d 洪量累积统计参数曲线

参考文献

黄振平，陈元芳. 水文统计学[M]. 2 版. 北京：水利水电出版社，2017.

靖娟利，徐勇，王永锋，等. 1960—2019 年珠江流域多尺度旱涝特征研究[J]. 农业现代化研究，2021，42（3）：557-569. DOI：10.13872/j. 1000-0275.2021.0065.

康玲，陈璐. 水文统计与应用[M]. 北京：中国电力出版社，2022.

梁忠民，钟平安，华家鹏. 水文水利计算[M]. 2 版. 北京：中国水利水电出版社，2008.

门宝辉，王俊奇. 工程水文与水利计算[M]. 北京：中国电力出版社，2017.

芮孝芳. 水文学原理[M]. 北京：中国水利水电出版社，2004.

武传号. 气候变化对北江流域典型洪涝灾害高风险区防洪安全的影响研究[D]. 广州：华南理工大学，2015.

王鹤. 小波方法在水文时间序列分析若干问题中的应用[D]. 长春：吉林大学，2009.

第3章 水文频率分析

3.1 流域水文频率分析方法

水文序列频率分析实质上是在已经掌握的水文资料信息基础上，预估未来可能出现的情况。其基本内容是根据水文现象的统计特性，利用现有水文资料，分析水文变量设计值与发生频率之间的定量关系。现行水文频率分析方法是以纯随机模型为基础，把逐年水文变量作为同一总体的简单独立随机抽样，据此分析和计算当地可能出现的水文情势。影响水文频率设计值的两个要素为数据序列和理论曲线的类型。根据所选择的水文序列的不同，可将数据分为独立同分布序列和非平稳序列。

当水文资料经过审查、插补延长和一致性改正后，得到代表性较好的 n 年样本系列，根据该系列就可以进行水文频率分析与计算。其一般步骤是将 n 年样本系列由大到小排队，确定经验点据的频率，此时的数据为独立同分布序列，多用数学期望公式或者经验曲线来进行拟合。但正常情况下，我们所拥有的数据大多受人类活动、全球变暖等影响，从而产生了非稳定性的水位下降和海平面上升，此时所获得的水文数据为非平稳序列。该序列不满足独立同分布，需要进行拆分或者去时变化。

利用经验曲线进行拟合时，由于选取的理论曲线类型不同，其拟合效果也有很大的差异。目前，水文频率分布线型是指所采用的理论频率曲线(频率函数)的型式(水文中常用线型为正态分布型、伽马分布型、韦伯分布型等)，常用水文统计学分布函数的选择主要取决于与大多数水文资料的经验频率点据的配合情况。目前，我国水文计算上广泛采用的是皮尔逊Ⅲ(PⅢ)型曲线。

3.1.1 经验频率分析

对经验频率的计算，目前我国水文计算上广泛采用的是数学期望公式：

$$p = \frac{m}{n+1} \times 100\% 。 \tag{3.1}$$

式中：p 为 $\geq x_m$ 的经验频率；m 为 x_m 的序号，即 $\geq x_m$ 的项数；n 为系列的总项数。

3.1.2　一致性频率分析理论曲线类型

1. 皮尔逊Ⅲ（PⅢ）型曲线

PⅢ型曲线是一条一端有限、一端无限的不对称单峰、正偏曲线，数学上常称为伽马（Gamma）分布，其概率密度函数为：

$$f(x) = \frac{\beta^{\alpha}}{\Gamma(\alpha)}(x-\alpha_0)^{\alpha-1}e^{-\beta(x-\alpha_0)}。 \tag{3.2}$$

式中：$\Gamma(\alpha)$ 为伽马函数；α、β、α_0 分别为形状尺度和位置未知参数，$\alpha > 0$，$\beta > 0$。

显然，三个参数确定后，该密度函数随之可以确定。可以推导，这三个参数与总体三个参数 $\bar{x}$、C_v、C_s 具有如下关系：

$$\alpha = \frac{4}{C_s^2}, \tag{3.3}$$

$$\beta = \frac{2}{xC_vC_S}, \tag{3.4}$$

$$\alpha_0 = \bar{x}\left(1 - \frac{2C_v}{C_S}\right)。 \tag{3.5}$$

2. 耿贝尔（Gumbel）分布

极值分布是指几个观测值中极大值或极小值的概率分布。耿贝尔分布是根据极值定理导出，其中极值 I 分布经常被用于水文统计中，也称 Fisher-Tippett 型分布。

耿贝尔分布函数和密度函数分别为：

$$F(x;\mu,\sigma) = e^{-e^{-\frac{x-\mu}{\sigma}}}, \tag{3.6}$$

$$f(x;\mu,\sigma) \approx \exp\left(-\frac{x-\mu}{\sigma} - e^{-x}\right)。 \tag{3.7}$$

而水文量中小于 x 的概率为：

$$P(X < x) \approx 1 - \exp\left(-\frac{x-\mu}{\sigma}\right) \qquad (x-\mu \gg \sigma)。 \tag{3.8}$$

式中：μ 为分布的位置参数；σ 为分布的尺度参数；x 为水文要素样本；$P(X < x_p)$ 为概率分布函数。由于耿贝尔分布的函数形式相当简单，其分布曲线为两参数模型，可以通过最小二乘法求解，参数优选可无需计算直接查表，使用上非常方便。

3. 正态分布

正态分布具有如下形式的概率密度函数：

$$f(x) = \frac{1}{\sigma\sqrt{2\pi}} e^{-\frac{(x-x_0)^2}{2\sigma^2}}。 \tag{3.9}$$

式中：x_0 为水文序列平均数；σ 为水文序列标准差；e 为自然对数的底。利用正态分布的概率密度函数，通过定积分计算可得，正态分布的密度曲线与 x 轴所围成的面积为 1。

4. 其他分布线型

除了上述几种较为常用的分布线型外，部分学者也利用了伽马分布、对数正态分布、对数耿贝尔分布以及极值分布等来拟合水文频率曲线，它们大多是上述三种分布函数通过一定的变换所得到的特殊情况。

3.1.3 非一致性频率分析理论曲线类型

随着全球气候变化及人类活动影响加剧，特别是各种人类活动改变了流域下垫面的产汇流条件，从而影响了洪水的时空分配过程，使不同时期的水文序列失去了一致性基础，水文序列的概率分布与统计规律发生了改变（即非一致性）。这导致传统频率计算方法得到的设计成果可靠性降低。为解决这种非一致性问题，目前提出了两种解决的方法：一是基于还原/还现途径，通过变异分割点开展趋势性变异序列的一致性修正，以提高频率计算成果可靠性；二是基于非平稳极值系列的直接水文频率分析途径。

1. 还原法

基于还原/还现途径的单变量非一致性洪水频率分析是在假设变异点前的水文序列处于天然的一致性状态，变异点后的水文序列的天然状态受到人类活动和气候变化的影响，一致性遭到破坏。还原/还现的理论是：还原是指将变异点后的非一致性水文序列，修正到与变异点前的水文序列保持天然的一致性状态；还现则是指将变异点之前的天然状态的水文序列，修正到与变异点后的非一致性相同的状态。还原/还现的方法主要有水文时间序列的分解合成法、变异点前后水文时间序列与某一参数的相关关系分析法。水文时间序列的分解合成法是对水文序列的成分进行分解和合成，水文序列成分包括确定性成分和随机性成分，确定性成分反映的是非一致性成分，随机性成分反映的是一致性成分。单变量水文非一致性分析是通过建立非一致性的确定性成分与时间之间的函数关系，通过原序列减去确定性成分，从而得到一致性的随机性成分，达到还原的目的。
这种方法在一定程度上可以达到预测的功能，可以通过对序列的合成分解，

　　非一致性水文序列主要利用线性回归分析、ADF 检验、Mann-Kendall 突变检验、滑
动 t 检验等趋势分析和跳跃分析来划分确定性成分和随机性成分。其中，Mann-Kendall
突变检验的原理是：对于具有 n 个样本量的时间序列 x_1，x_2，$\cdots$，x_n 构造一秩序列：

$$S_k = \sum_{i=1}^{k} R_i \qquad (k=2,\ 3,\ \cdots,\ n)。 \tag{3.10}$$

式中：R_i 表示 x_i 大于 x_j（$1 \leqslant j \leqslant i$）的累积数。在时间序列随机独立的假设下，定义统
计量：

$$UF_k = \frac{S_k - E(S_k)}{\sqrt{Var(S_k)}} \qquad (k=1,\ 2,\ 3,\ \cdots,\ n)。 \tag{3.11}$$

式中：当 $k=1$ 时，$UF_1 = 0$。$E(S_k)$，$Var(S_k)$ 分别是累积数 S_k 的均值和方差，在 x_i 相互
独立，且有相同连续分布时，其计算如下：

$$E(S_k) = \frac{n(n+1)}{4}, \tag{3.12}$$

$$Var(S_k) = \frac{n(n-1)(2n+3)}{72}。 \tag{3.13}$$

　　按照时间序列 x 的逆序列 x_n，x_{n-1}，$\cdots$，x_1，重复上述过程，同时使 $UB_k = -UF_k$（$k = n$，$n-1$，$\cdots$，1），且当 $k=1$ 时，$UB_1 = 0$。

　　分析 UB_k 和 UF_k 曲线图。如果 UB_k 和 UF_k 两条曲线出现交点，且交点在临界线之
间，那么焦点对应的时刻为突变开始时刻。

　　将突变后的水文序列进行趋势还原大多应用模拟退火法和 Monte Carlo 生成纯随机序
列法。目前应用较多的是 Monte Carlo 法，其基本步骤是：先将非一致性水文序列分解成
确定性和随机性两种成分；再次对确定性成分进行拟合或预测计算，对水文序列的随机
性成分进行频率计算，得到非一致性水文序列在时间域上的成因规律以及在频率域上的
统计规律；再根据确定性规律预测某个具体时间的确定性成分，利用 Monte Carlo 法生成
满足统计规律的纯随机序列，将确定性成分与随机性成分进行合成；最后采用现行水文
频率计算方法推求合成序列的频率分布。

2. 其他方法

　　基于非平稳极值序列的直接频率分析法是当前最热点的研究方向，其主要方法有混
合分布方法、条件概率分布方法以及时变矩方法。

　　时变矩方法（time varying moments，TVM）是目前非一致性水文频率分析中应用最为
广泛的方法之一，其基本思想为假定水文序列满足的分布线型是单一且不变的，而分布
函数的统计参数随时间或者其他物理协变量变化。以时变矩方法的内容作为基本思路，

Rigby 和 Stasinopoulos（2005）提出了位置、尺度和形状的广义可加模型（generalized additive models for location, scale and shape, GAMLSS）。该模型定义响应变量 Y 的 n 个独立观测值 $y_i(i=1, 2, 3, \cdots, n)$ 服从概率分布 $f(y_i \mid \Theta_i)$，其中 $\Theta_i=(\theta_1^i, \theta_2^i, \theta_3^i, \theta_4^i=(\mu_i, \sigma_i, \nu_i, \tau_i)$ 为概率分布参数的向量，其中，μ_i、σ_i 分别为变量 Y 的均值向量以及变差系数向量，ν_i、τ_i 则分别定义为偏度和峰度参数。模型的一般表达式为：

$$g_k(\theta_k)=\eta_k=X_k\beta_k+\sum_{j=1}^{j_k}Z_{jk}\tau_\mu。 \tag{3.14}$$

式中：$g_k(\theta_k)$ 代表 n 个时段的解释变量 X_k 对已知设计矩阵 $\sum_{j=1}^{j_k}Z_{jk}\tau_\mu$ 的连接函数，$k=1, 2, 3, 4$。

GAMLSS 模型主要基于 R 语言中的 GAMLSS 包，通过其中可选择的伽马分布（Gamma，GA）、耿贝尔分布（Gumbel，GU）、逻辑斯谛分布（Logistic，LO）、韦伯分布（Weibull，WEI）等来估计似然函数最优值，其分布函数如表 3.1。

表 3.1 GAMLSS 模型分布函数

理论频率曲线	表达式	参数
伽马分布	$f_Y(y \mid \mu, \sigma)=\dfrac{1}{(\sigma^2\mu)^{1/\sigma^2}}\dfrac{y^{1/\sigma^2}-e^{-y/(\sigma^2\mu)}}{\Gamma(1/\sigma^2)}$	$E(Y)=\mu$ $Var(Y)=\mu\sigma^2$
耿贝尔分布	$f_Y(y \mid \mu, \sigma)=\dfrac{1}{\sigma}\exp\left[\left(\dfrac{y-\mu}{\sigma}\right)-\exp\left(\dfrac{y-\mu}{\sigma}\right)\right]$	$E(Y)=\mu-0.57722\sigma$ $Var(Y)=par^2\sigma^2/6$
逻辑斯蒂曲线	$f_Y(y \mid \mu, \sigma)=\dfrac{1}{\sqrt{2par\sigma^2}}\dfrac{1}{y}\exp\left[-\dfrac{(\log y-\mu)^2}{2\sigma^2}\right]$	$E(Y)=w^{1/2}e^\mu$ $Var(Y)=w(w-1)e^{2\mu}$
韦伯分布	$f_Y(y \mid \mu, \sigma)=\dfrac{\sigma y^{\sigma-1}}{\mu^\sigma}\exp\left(-\dfrac{y}{\sigma}\right)^\sigma$	$E(Y)=\mu\Gamma\left(\dfrac{1}{\sigma}+1\right)$ $Var(Y)=\mu^2\left\{\Gamma\left(\dfrac{2}{\sigma}+1\right)-\left[\Gamma\left(\dfrac{1}{\sigma}+1\right)\right]^2\right\}$

3.1.4 频率曲线参数估计方法

在概率分布函数中都含有一些表示分布特征的参数，如 PⅢ型分布曲线中就包含有 $\bar{x}$、C_v、C_s 三个参数。水文频率曲线线型选定之后，为了具体确定出概率分布函数，就要估计出这些参数。目前，主要通过矩法初步估算样本估计总体参数，并运用经验适线法（或称目估适线法）进行调整。

矩法是一种简单的经典参数估计方法，它无须事先选定频率曲线线型，因而在洪水频率分析中得到广泛使用。但是，由矩法估计的参数及由此求得的频率曲线总是系数偏小，其中尤以 C_s 偏小更为明显。

在用矩法初估参数时，对于不连续系列，假定 $n-l$ 年系列的均值和均方差都与除去大洪水后的 $N-a$ 年系列的相等，即 $\bar{x}_{N-a} = \bar{x}_{n-l}$，$\sigma_{N-a} = \sigma_{n-l}$，可以导出参数计算公式：

$$\bar{x} = \frac{1}{N} \left(\sum_{j=1}^{a} x_j + \frac{N-a}{n-l} \sum_{i=l+1}^{n} x_i \right), \tag{3.15}$$

$$C_v = \frac{1}{\bar{x}} \sqrt{ \frac{1}{N-1} \left[\sum_{j=1}^{a} (x_j - \bar{x})^2 + \frac{N-a}{n-l} \sum_{i=l+1}^{n} (x_i - \bar{x})^2 \right] }. \tag{3.16}$$

式中：x_j 为特大洪水，$j = 1, 2, \cdots, a$；x_i 为一般洪水，$i = l+1, l+2, \cdots, n$。

采用矩法进行参数估计时，对于不连续系列，假定缺测年份 $N-n-a$ 系列的均值和均方差分别与 n 年连续实测一般洪水洪峰流量的均值和均方差相等，即

$$\bar{x}_{N-n-a} = \bar{x}_{n-l} = \frac{1}{n-l} \sum_{i=1}^{n-l} x_i, \tag{3.17}$$

$$\sigma_{N-n-a} = \sigma_{n-l} = \sqrt{ \frac{1}{n-l} \sum_{i=1}^{n-l} (x_i - \bar{x}_N)^2 }. \tag{3.18}$$

式中：$\bar{x}_{N-n-a}$ 为缺测年份系列的均值；$\bar{x}_{n-l}$ 为连续 n 年实测一般洪峰流量序列的均值；σ_{N-n-a} 为缺测年份系列的均方差；σ_{n-l} 为连续 n 年实测一般洪峰流量序列的均方差；$\bar{x}_N$ 为包含特大洪水在内的 N 年系列均值；$\sum_{i=1}^{n-l} x_i$ 为在 n 年内系列中除去 l 项特大洪水之外的系列总和；$\sum_{i=1}^{n-l} (x_i - \bar{x}_N)^2$ 为在 n 年中除去 l 项特大洪水之外的系列离差二次方之和。

（1）含特大洪水系列的均值 $\bar{x}_N$ 的计算公式：

$$\bar{x}_N = \frac{1}{N} \left(\sum_{i=1}^{a+l} x_{Ni} + \frac{N-a-l}{n-l} \sum_{i=1}^{n-l} x_i \right). \tag{3.19}$$

式中：x_{Ni} 为特大洪水洪峰流量；x_i 为一般洪水洪峰流量。

（2）含特大洪水的变差系数 C_{vN} 的计算公式：

$$C_{vN} = \frac{\sigma_N}{\bar{x}_N} = \frac{1}{\bar{x}_N} \sqrt{ \frac{1}{N-l} \left[\sum_{i=1}^{a+l} (x_{Ni} - \bar{x}_N)^2 + \frac{N-a-l}{n-l} \sum_{i=1}^{n-l} (x_i - \bar{x}_N)^2 \right] }. \tag{3.20}$$

（3）含特大洪水的偏态系数选取。偏态系数 C_s 属于高阶矩，用矩法算出的参数值及由此求得的频率曲线与经验点据往往相差较大，故一般不用矩法计算，而是参考附近地区资料选定一个 C_s / C_v 进行适线；对于 $C_v < 0.5$ 的地区，可试用 $C_s / C_v = 3 \sim 4$ 进行适线；对于 $0.5 < C_v < 1.0$ 的地区，可试用 $C_s / C_v = 2.5 \sim 3.5$ 进行适线；对于 $C_v > 1.0$ 的地区，可试用 $C_s / C_v = 2 \sim 3$ 进行适线。

权函数法在于引入一个权函数，用一阶与二阶加权中心矩来推求 C_s，可以提高 P Ⅲ型的偏态系数计算精度。但权函数法本身不能估计 $\bar{x}$、C_v，属于单参数估计，仍需借助其他方法（如矩法），且 C_s 的精度受 $\bar{x}$、C_v 估计精度的影响。

在得到各类参数后，运用经验适线法（或称目估适线法）进行调整。目估适线法是以经验频率点据为基础，给它们选配一条符合较好的理论频率曲线，并以此来估计水文要素总体的统计规律。其具体步骤如下：

第一，将实测资料由大到小排列，计算各项的经验频率，在频率格纸上点绘经验点据（纵坐标为变量的取值，横坐标为对应的经验频率）

第二，选定水文频率分布线型（一般选用 PⅢ型）。

第三，先采用矩法或其他方法估计出频率曲线参数的初估值 $\bar{x}$、C_v，而 C_s 凭经验初选为 C_v 的倍数。

第四，根据拟定的 $\bar{x}$、C_v 和 C_s，计算 x_p 值。以 x_p 为纵坐标，p 为横坐标，即可得到频率曲线。将此线画在绘有经验点据的图上，看与经验点据配合的情况。若不理想，可通过调整 $\bar{x}$、C_v 和 C_s 再点绘频率曲线。

第五，根据频率曲线与经验点据的配合情况，从中选出一条与经验点据配合较好的曲线作为采用曲线，相应于该曲线的参数便看作总体参数的估值。

第六，求指定频率的水文变量设计值。

3.2 设计实例

3.2.1 设计内容

研究区为第2章案例，选择石角站流量序列，运用矩法和权函数法对计算得到的年最大洪峰流量序列、年最大 1 d 洪量序列、年最大 3 d 洪量序列、年最大 7 d 洪量序列进行配线，选定一组最优参数，推求年最大洪峰流量序列、年最大 1 d 洪量序列、年最大 3 d 洪量序列、年最大 7 d 洪量序列理论频率曲线，并计算相应 1% 频率的设计值。

3.2.2 石角站频率分析

1. 经验频率计算

由公式（3.1）计算出经验频率（表3.2）。

表 3.2 石角站经验频率

年份	洪峰流量/m³·s⁻¹	最大 1 d 洪量/万 m³	最大 3 d 洪量/万 m³	最大 7 d 洪量/万 m³	经验频率/%
1956	17200	148608	406944	642384	1.85
1957	16400	141696	400032	831168	3.70
1958	15400	133056	362880	751680	5.56
1959	14800	127872	360288	634348.8	7.41
1960	14700	127008	372384	760320	9.26
1961	13400	115776	329184	630460.8	11.11
1962	13100	113184	307584	665193.6	12.96
1963	13000	112320	301536	523152	14.81
1964	12600	108864	311040	566352	16.67
1965	12300	106272	281577.6	542851.2	18.52
1966	11900	102816	285379.2	577670.4	20.37
1967	11800	101952	269395.2	529459.2	22.22
1968	11800	101952	269568	428371.2	24.07
1969	11600	100224	273283.2	461808	25.93
1970	11600	100224	267926.4	481766.4	27.78
1971	11500	99360	280713.6	574646.4	29.63
1972	11300	97632	275788.8	468979.2	31.48
1973	11200	96768	262656	481593.6	33.33
1974	11200	96768	269740.8	461721.6	35.19
1975	11100	95904	240537.6	353289.6	37.04
1976	10500	90720	260841.6	524966.4	38.89
1977	10500	90720	244598.4	443836.8	40.74
1978	10200	88128	235094.4	391305.6	42.59
1979	10200	88128	254620.8	451958.4	44.44
1980	10100	87264	243475.2	474940.8	46.30
1981	10000	86400	221529.6	341366.4	48.15
1982	9950	85968	238032	448502.4	50.00
1983	9740	84153.6	240278.4	495244.8	51.85
1984	8840	76377.6	198201.6	324950.4	53.70

（续上表）

年份	洪峰流量/$m^3 \cdot s^{-1}$	最大 1 d 洪量/万 m^3	最大 3 d 洪量/万 m^3	最大 7 d 洪量/万 m^3	经验频率/%
1985	8690	75081.6	181526.4	273196.8	55.56
1986	8510	73526.4	204940.8	398304	57.41
1987	8500	73440	195523.2	349401.6	59.26
1988	8430	72835.2	184291.2	289872	61.11
1989	7620	65836.8	177206.4	302832	62.96
1990	7390	63849.6	164332.8	320976	64.81
1991	7330	63331.2	156384	214289.28	66.67
1992	7250	62640	138240	206582.4	68.52
1993	7170	61948.8	137894.4	220838.4	70.37
1994	7130	61603.2	169257.6	333417.6	72.22
1995	7130	61603.2	151459.2	254793.6	74.07
1996	7070	61084.8	168048	312249.6	75.93
1997	6890	59529.6	146620.8	228873.6	77.78
1998	6830	59011.2	160358.4	319852.8	79.63
1999	6810	58838.4	155952	297561.6	81.48
2000	6800	58752	153014.4	235785.6	83.33
2001	6760	58406.4	144288	242438.4	85.19
2002	6430	55555.2	153446.4	265939.2	87.04
2003	6410	55382.4	143683.2	222825.6	88.89
2004	5570	48124.8	125798.4	222134.4	90.74
2005	5010	43286.4	109641.6	211766.4	92.59
2006	4950	42768	106099.2	178243.2	94.44
2007	3560	30758.4	78364.8	140140.8	96.30
2008	2660	22982.4	63244.8	118800	98.15

2. 频率曲线参数估计及指定频率变量计算结果

利用权函数法估计的参数初值如表 3.3 所示。运用经验适线法进行调整，最终的洪峰流量和最大 1 d、3 d、7 d 洪量的频率曲线如图 3.1 至图 3.4 所示，选定最优参数及其拟合程度、1%频率的设计值如表 3.4 所示。

表3.3 权函数法估计参数初值

项目	$\bar{x}$	C_v	权函数法 C_s
洪峰	9601 m³/s	0.34	0.28
最大 1 d 洪量	82948 万 m³	0.34	0.28
最大 3 d 洪量	223296 万 m³	0.37	0.33
最大 7 d 洪量	404253 万 m³	0.42	0.59

表3.4 参数选定、拟合程度、不同频率设计值结果

参数设置	洪峰流量/m³·s⁻¹	最大 1 d 洪量/亿 m³	最大 3 d 洪量/亿 m³	最大 7 d 洪量/亿 m³
$\bar{x}$	9601	8.29	22.33	40.43
C_v	0.34	0.34	0.37	0.42
C_s	0.28	0.28	0.33	0.59
C_s/C_v	0.82	0.82	0.89	1.4
拟合度	98.39%	98.38%	98.19%	98.65%
50 年一遇	16784.49	14.49	40.72	80.41
100 年一遇	17859.38	15.42	43.53	87.1
200 年一遇	18864.44	16.29	46.16	93.46

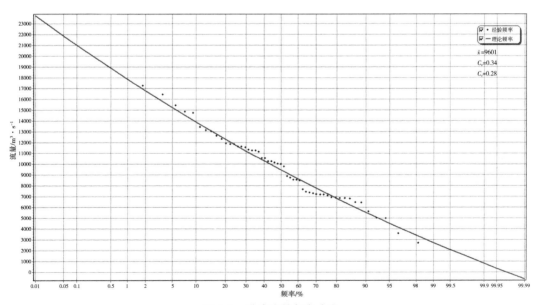

图 3.1 洪峰流量频率曲线

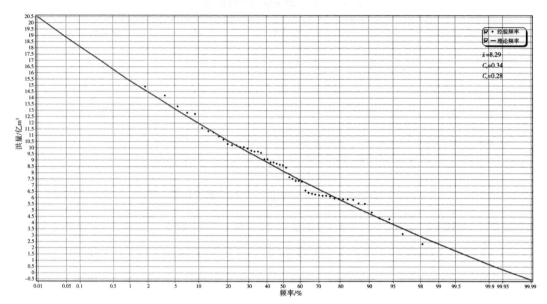

图 3.2　最大 1 d 洪量频率曲线

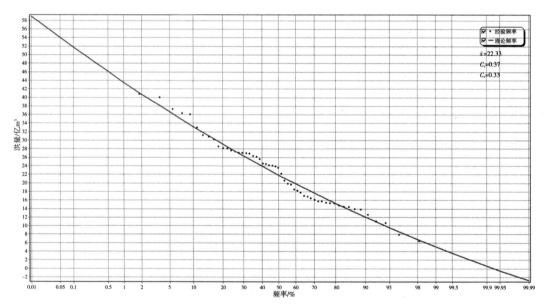

图 3.3　最大 3 d 洪量频率曲线

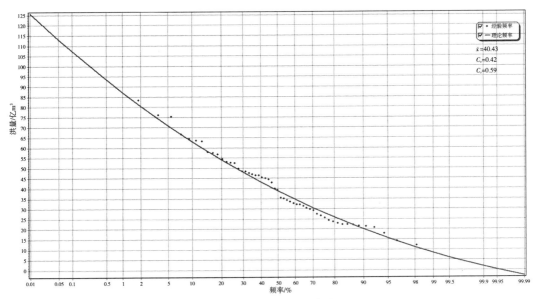

图 3.4　最大 7 d 洪量频率曲线

参考文献

康玲，陈璐. 水文统计与应用[M]. 北京：中国电力出版社，2022.

刘光文. 水文分析与计算[M]. 北京：水利电力出版社，1989.

闫磊，熊立华. 基于时变混合分布模型的非一致性洪水频率分析方法[M]. 北京：中国水利水电出版社，2020.

RIGBY R A，STASINOPOULOS DM. Generalized additive models for location，scale and shape[J]. Journal of the royal statistical society：Series C（applied statistics），2005，54(3)：507-554.

第4章 设计洪水分析实验

4.1 由洪水推求设计洪水

由流量资料推求设计洪峰流量和不同时段的设计洪量时,要经过样本选取、资料审查、频率计算和成果合理性分析等步骤。由流量资料推求设计洪峰及不同时段的设计洪量,可以使用数理统计方法,计算符合设计标准的数值,一般称为洪水频率计算。

在应用资料之前,首先要对原始水文资料进行审查,洪水资料必须可靠,具有必要的精度,而且具备频率分析所必需的某些统计特性,如洪水系列中各项洪水相互独立且服从同一分布等,详见第2章。

4.1.1 设计洪水计算

1. 样本选取

选样就是在现有的洪水资料中选取样本系列,作为频率计算的依据。我国目前采用年最大值法选样,即每年只选一个最大洪峰流量及某一历时的最大洪量组成系列。河流上一年内要发生多次洪水,每次洪水都具有不同历时的流量变化过程。如何从历次洪水系列资料中选取表征洪水特征值的样本,是洪水频率计算的首要问题。

(1)选样的原则。洪水资料的选样应满足频率计算关于独立、随机选样的要求。

(2)洪峰流量的选择。洪峰选样比较容易,可以从水文年鉴上直接查得,从 n 年中选出每年的最大洪峰值组。

(3)洪量的选样。采用固定时段选取年最大值,固定时段一般为 1、3、7、15、30 d 等。固定时段的年最大值需要经过计算比较后选出,分别组成 1、3、7、15、30 d 等系列。设计流域最长的时段根据其大洪水的情况而定。

根据《水电工程设计洪水计算规范》(NB/T 35046—2014)规定,应采用年最大值原则选取洪水系列,即从资料中逐年选取一个大流量和固定时段的最大洪量,组成洪峰流量和洪量系列。大流域、调洪能力大的工程,设计时段可以取得长一些;小流域、调洪能力小的工程,设计时段可以取得短一些。

在设计时段以内，还必须确定一些控制时段，即洪水过程对工程调洪后果起控制作用的时段，这些控制时段洪量应具有相同的设计频率。同一年内所选取的控制时段洪量，可发生在同一次洪水中，也可不发生在同一次洪水中，关键是选取其最大值。

2. 洪水资料的插补延长

若工程所在地点洪水资料较短或代表性不足，满足不了洪水计算的要求，则应尽可能进行资料的插补延长。

（1）根据上下游测站的洪水特征相关关系进行插补延长。点绘同次洪水相应洪峰或洪量（一年可取一次或几次）的相关图，就可根据参证站的洪水数据，通过相关图推算出设计站的洪水数据。如果设计站的洪水由其上游的几个支流测站的洪水组成，则应将上游干支流测站的同次洪水错开传播时间叠加后，再与下游设计站的洪水点绘相关关系，进行插补延长。若设计断面的资料很短，甚至完全没有实测资料，可考虑直接移用，必要时可做适当的修正。

一是直接移用。若设计断面上游或下游不远处有较长资料的测站，两者集水面积不超过 3%，且中间未进行天然和人为的分洪滞洪时，可以直接移用。

二是面积修正。若两者集水面积相差超过 3%，但不大于 10%～20%，且暴雨分布较均匀，进行面积修正。修正公式为：

$$Q_{设} = \left(\frac{F_{设}}{F_{参}}\right)^n Q_{参}。 \tag{4.1}$$

式中：n 为指数，应根据实测流量数据分析。集水面积量级不同，n 值也不同。若无实测数据分析，可取 $n = 2/3$。

三是面积内插。若设计断面的上、下游不远处各有一参证站，并且都有实测资料，一般可假定洪峰及洪量随着集水面积变化呈线性变化，可以利用面积线性内插：

$$Q_{设} = Q_{参,上} + (Q_{参,下} - Q_{参,上})\frac{F_{设} - F_{参,上}}{F_{参,下} - F_{参,上}}。 \tag{4.2}$$

（2）根据本站峰量关系进行插补延长。通常根据调查到的历史洪峰或由相关法求得缺测年份的洪峰流量，利用峰量关系可以推求相应的洪量。

（3）利用暴雨径流关系进行插补延长。若流域内有长期暴雨资料时，可根据洪水缺测年份的流域最大暴雨量，通过产流、汇流计算，推求出相应的洪水过程，再在洪水过程中摘取洪峰流量和各时段洪量。简化的办法是建立某一定时段流域平均暴雨量与洪峰流量、时段洪量的相关关系，由暴雨资料插补洪水资料。

（4）根据相邻河流测站的洪水特征值进行延长。若有与设计流域自然地理特征相似、暴雨洪水成因一致的邻近流域，如果资料表明该流域同次洪水的各种特征值与设计流域的洪水特征之间确实存在良好的相关关系，也可用来插补延长。

3. 特大洪水的处理

(1)特大洪水的定义。《水电工程设计洪水计算规范》的定义为：特大洪水指由暴雨、急骤融冰化雪等自然因素引起的江河湖泊水量迅速增加或水位迅猛上涨的重现期超过50年的洪水。特大洪水一般是指调查到的历史洪水以及实测洪水系列中大于历史洪水或数值相当大的洪水，也就是在实测系列和调查到的历史洪水中，比一般洪水大得多的稀遇洪水。

根据短系列资料做频率计算时，当出现次新的大洪水以后，设计洪水数值就会发生变动，所得成果很不稳定。如果在频率计算中能够正确利用特大洪水资料，则会提高计算成果的稳定性。

特大洪水处理的关键在于特大洪水大小、重现期的确定、经验频率的计算。历史特大洪水通过洪水痕迹可查水位流量关系获得，实测特大洪水可通过资料观测得到。特大洪水确定以后，要分析其在某代表年限内的大小序位，以便确定洪水的重现期。

(2)特大洪水处理的意义。目前我国所掌握的样本系列不长，抽样误差较大，若用于推求千年一遇、万年一遇的稀遇洪水，根据不足。如果能调查到 N 年($N \gg n$)中的特大洪水，等于在频率曲线的上端增加一个控制点，可提高系列的代表性，将使计算成果更加合理、可靠。

(3)特大洪水重现期的确定。目前我国根据资料来源不同，将与确定特大洪水代表年限有关的年份分为实测期、调查期和文献考证期。

实测期：从有实测洪水资料年份开始至今的时期。

调查期：在实地调查到若干可以定量的历史特大洪水的时期。

文献考证期：从具有连续可靠文献记载历史特大洪水的时期。调查期以前的文献考证期内的历史洪水，一般只能确定洪水大小等级和发生次数，不能定量。

历史特大洪水和实测特大洪水都要在调查期或文献考证期内进行排位。在排位时不仅要考虑已经确定数值的特大洪水，也要考虑不能定量但能确定其洪水等级的历史洪水，并排出序位。

(4)洪水经验频率的估算。对不连续系列的经验频率，有独立样本法和统一样本法两种估算方法。

A. 独立样本法。把实测系列与特大值系列看作从总体中独立抽出的两个随机样本，各项洪水可分别在各个系列中进行排位，实测系列中一般洪水的经验频率计算仍按连续系列的经验频率公式：

$$p_m = \frac{m}{n+1} \qquad (m = l+1, \ l+2, \ \cdots, \ n)。 \tag{4.3}$$

特大洪水系列的经验频率计算公式为：

$$p_M = \frac{M}{N+1} \qquad (M = 1, 2, \cdots, a) \text{。} \tag{4.4}$$

式中：M 为特大洪水由大至小排列的序号；N 为自最远的调查考证年份至今的年数；l 为实测系列中抽出做特大值处理的洪水个数；a 为在 N 年中连续顺位的特大洪水项数；其他符号含义同前。

B. 统一样本法。将实测系列与特大值系列共同组成一个不连续系列，作为代表总体的一个样本。不连续系列各项可在历史调查期 N 年内统一排位。

假设在历史调查期 N 年中有特大洪水 a 项，其中有 l 项发生在年实测系列之中，N 年中的 a 项特大洪水的经验频率仍用式（4.4）计算。实测系列中其余的 $(n-l)$ 项均匀分布在 $1-p_{Ma}$ 频率范围内，p_{Ma} 为特大洪水第末项 $M=a$ 的经验频率，即

$$p_{Ma} = \frac{a}{N+1} \text{。} \tag{4.5}$$

实测系列第 m 项的经验频率计算公式为：

$$p_m = p_{Ma} + (1 - p_{Ma}) \frac{m-l}{n-l+1} \text{。} \tag{4.6}$$

上述两种方法，我国目前都在使用。一般来说，独立样本法把特大洪水与实测一般洪水视为相互独立，这在理论上有些不合适；但该方法比较简单，在特大洪水排位可能有错漏时，因不互相影响，则是比较合适的。当特大洪水排位比较准确时，从理论上说，用统一样本法更好一些。

4. 频率曲线线型选择

样本系列各项的经验频率确定之后，就可以在频率格纸上确定经验频率点据的位置。点绘时，可以用不同符号分别表示实测、插补和调查的洪水点据，为首的若干个点据应标明其发生年份。通过点据中心，可以目估绘制出一条光滑的曲线，称为经验频率曲线。由于经验频率曲线是根据有限的实测资料绘出的，当求稀遇设计洪水数值时，需要对频率曲线进行外延，而经验频率曲线往往不能满足这一要求。为使设计工作规范化，便于各地设计洪水估计结果有可比性，世界上大多数国家根据当地长期洪水系列经验点据拟合情况，选择一种能较好地拟合大多数系列的理论线型，以供本国或本地区有关工程设计使用。

我国普遍采用 P Ⅲ 型曲线。不过，P Ⅲ 型曲线上端随频率的减小迅速递增以至趋向无穷，曲线下端在 $C_s > 2$ 时趋于平坦，而实测值又往往很小。对于干旱半干旱的中小河流，即使调整参数，也很难得出满意的适线成果。对于这种特殊情况，经分析研究，也可采用其他线型。

5. 频率曲线参数的估算

在确定理论曲线线形后，主要通过矩法初步估算样本估计总体参数，并运用目估适线法进行调整。

目估适线法是在经验频率点据和频率曲线线型确定之后，通过调整参数使曲线与经验频率点据配合得最好，此时的参数就是所求的曲线线型的参数，从而可以计算设计洪水值。目估适线法的原则是尽量照顾点群的趋势，使曲线通过点群中心，当经验点据与曲线线型不能全面拟合时，可侧重考虑上中部分的较大洪水点据，对调查期和文献考证期内为首的几次特大洪水要做具体分析。一般说来，年代愈久的历史特大洪水加入系列进行适线，对合理选定参数的作用愈大；但这些资料本身的误差可能较大。因此，在适线时不宜机械地通过特大洪水点据，否则会使曲线对其他点群偏离过大；但也不宜脱离大洪水点据过远。

用目估适线法估计频率曲线的统计参数分为初步估计参数、用适线法调整初估值和对比分析三个步骤。

6. 推求设计洪峰、洪量

根据采用上述方法计算出的参数初估值，用适线法求出洪水频率曲线，然后在频率曲线上求得相应于设计频率的设计洪峰和各统计时段的设计洪量。

7. 设计洪水估计值的抽样误差

水文系列是一个无限总体，而实测洪水资料是有限样本，用有限样本估算总体的参数会存在抽样误差。由于设计洪水值是一个随机变量，抽样分布的确切形式又难以获得，只能根据设计洪水估计值抽样分布的某些数字特征如抽样方差来表征它的随机特性。

频率计算中，统计参数的抽样误差与所选的频率线型有关。当总体分布为 PⅢ 型，根据 n 年连续系列，并用矩法估计参数时，设计洪水值 X_p 的均方误差（一阶）近似计算公式为：

绝对误差：

$$\sigma_{X_p} = \frac{\bar{X}C_v}{\sqrt{n}}B。\tag{4.7}$$

相对误差：

$$\delta'_{X_p} = \frac{\delta_{X_p}}{X_p} \times 100\% \qquad 或 \qquad \delta'_{X_p} = \frac{C_v B}{K_p \sqrt{n}} \times 100\%。\tag{4.8}$$

式中：K_p 为指定频率 p 的模比系数；B 为 C_s 和 p 的函数。

8. 计算成果的合理性检查

在洪水峰量计算中，不可避免地存在各种误差。为了防止因各种原因带来的差错，必须对计算成果进行合理性检查，以尽可能地提高精度。检查工作一般从以下三个方面进行：

(1) 根据本站频率计算成果，检查洪峰、各时段洪量的统计参数与历时之间的关系。一般来说，随着历时的增加，洪量的均值也逐渐增大，而时段平均流量的均值则随历时的增加而减小。C_v、C_s 在一般情况下随历时的增加而减小。但对于连续暴雨次数较多的河流，随着历时的增加，C_v、C_s 反而加大，如浙江省新安江流域就有这种现象。所以，参数的变化还要与流域的暴雨特性和河槽调蓄作用等因素联系起来分析。

另外，还可以对各种历时的洪量频率曲线进行对比分析，要求各种曲线在使用范围内不应有交叉现象。当出现交叉时，应复查原始资料和计算过程有无错误、统计参数是否选择得当。

(2) 根据上下游站、干支流站及邻近地区各河流洪水的频率分析成果进行比较。若气候、地形条件相似，则洪峰、洪量的均值应自上游向下游递增，其模数则由上游向下游递减。将上下游站、干支流站同历时最大洪量的频率曲线绘在一起，下游站、干流站的频率曲线应高于上游站和支流站，曲线间距的变化也应有一定的规律。

(3) 对暴雨频率分析成果进行比较。一般来说，洪水的径流深应小于相应天数的暴雨深，而洪水的 C_v 值应大于相应暴雨量的 C_v 值。

以上所述，可作为成果合理性检查的参考。如发现明显的不合理之处，应分析原因，将成果加以修正。

4.1.2 设计洪水过程线推求

设计洪水过程线是指具有某一设计标准的洪水过程线。但是，洪水过程线的形状千变万化，且洪水每年发生的时间也不相同，是一种随机过程，目前尚无完善的方法直接从洪水过程线的统计规律求出一定频率的过程线。尽管已有人从随机过程的角度，对过程线做模拟研究，但尚未达到实用的目的。为了适应工程设计要求，目前仍采用放大典型洪水过程线的方法，使其洪峰流量和时段洪量的数值等于设计标准的频率值，即认为所得的过程线就是待求的设计洪水过程线。

放大典型洪水过程线时，根据工程和流域洪水特性，可选用同频率放大法或同倍比放大法。

1. 典型洪水过程线的选择

典型洪水过程线是放大的基础，从实测洪水资料中选择典型时，资料要可靠，同时应考虑下列条件：①选择峰高量大的洪水过程线，其洪水特征接近于设计条件下的稀遇洪水情况；②要求洪水过程线具有一定的代表性，即它的发生季节、地区组成、洪峰次数、峰量关系等能代表本流域上大洪水的特性；③从水库防洪安全考虑，选择对工程防洪运用较不利的大洪水典型，如峰型比较集中、主峰靠后的洪水过程。

一般按上述条件初步选取几个典型，分别放大，并经调洪计算，取其中偏于安全的作为设计洪水过程线的典型。

2. 典型洪水过程线的放大

目前采用的典型放大方法有峰量同频率控制方法（简称同频率放大法）和按峰或量同倍比控制方法（简称同倍比放大法）。

(1)同频率放大法。此法要求放大后的设计洪水过程线的峰和不同时段（1 d、3 d、…）的洪量均分别等于设计值。具体做法是：先由频率计算求出设计的洪峰值 Q_{mp} 和不同时段的设计洪量值 W_{1p}、W_{3p}、…，并求典型过程线的洪峰 Q_{mp} 和不同时段的洪量 W_{1p}、W_{3p}、…；然后按洪峰、最大 1 d 洪量、最大 3 d 洪量、…的顺序，采用以下不同倍比值分别将典型过程进行放大。

洪峰放大倍比为：

$$R_{Qm} = \frac{Q_{mp}}{Q_{md}};\qquad(4.9)$$

最大 1 d 洪量放大倍比为：

$$K_1 = \frac{W_{1p}}{W_{1d}};\qquad(4.10)$$

最大 3 d 洪量中除最大 1 d 外，其余两天的放大倍比为：

$$K_{3-1} = \frac{W_{3p} - W_{1p}}{W_{3d} - W_{1d}}。\qquad(4.11)$$

最大 1 d 洪量包括在最大 3 d 洪量之中，同理，最大 3 d 洪量包括在最大 7 d 量之中，得出的洪水过程线上的洪峰和不同时段的洪量，恰好等于设计值。时段划分视过程线的长度而定，但不宜太多，一般以 3 段或 4 段为宜。由于各时段放大倍比不相等，放大后的过程线在时段分界处出现不连续现象，此时可徒手修匀，修匀后仍应保持洪峰和各时段洪量等于设计值。如放大倍比相差较大，要分析原因，采取措施，消除不合理的现象。

(2)同倍比放大法。此法是按洪峰或洪量同一倍比放大典型洪水过程线的各纵坐标

值,从而求得设计洪水过程线。因此,此法的关键在于确定以谁为主放大倍比。如果以洪峰控制,其放大倍比为:

$$K_Q = \frac{Q_{mp}}{Q_{md}} \text{。} \tag{4.12}$$

式中:K_Q 为以洪峰控制的放大系数。

如果以洪量控制,其放大倍比为:

$$K_{W_t} = \frac{W_{tp}}{W_{td}} \text{。} \tag{4.13}$$

式中:K_{W_t} 为以洪量控制的放大系数;W_{tp} 为控制时段 t 的设计洪量;W_{td} 为典型过程线在控制时段 t 的最大洪量。

采用同倍比放大时,若放大后洪峰或某时段洪量超过或低于设计很多,且对调洪结果影响较大时,应另选典型。

(3)两种方法的比较。用同频率放大法求得的洪水过程线,比较符合设计标准,计算成果较少受所选典型不同的影响,但改变了原有典型的雏形,适用于峰量均对水工建筑物防洪安全起控制作用的工程;同倍比放大法计算简便,适用于峰量关系较好的河流,以及防洪安全主要由洪峰或某时段洪量控制的水工建筑物。

4.2　由暴雨推求设计洪水

我国大多数河流的洪水都是由暴雨形成的,可通过暴雨分析求得设计暴雨,再通过产汇流计算推求设计洪水。在利用设计暴雨推算设计洪水时,假定两者具有相同的频率,即所谓的“雨洪同频”。用流量资料计算设计洪水所采用的频率分析计算原理和方法基本上都适用于设计暴雨。但暴雨分析也具有某些特殊性,如特大暴雨的移用与处理、统计参数的地区综合,以及暴雨点面关系和面雨型的分析等,需另行研究。由暴雨资料推求设计洪水的概略程序如图 4.1 所示。

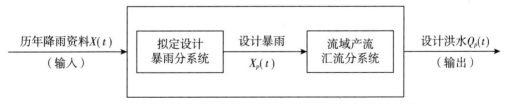

图 4.1　由暴雨资料推求设计暴雨及其形成的洪水过程概略程序

4.2.1　设计暴雨量计算

推求设计洪水所需要的是流域平均面雨量的设计暴雨过程,而不是点雨量过程。当流域面积较大时，不能简单地以点设计暴雨量代替面设计雨量。根据国内部分地区径流实验站雨量站群的观测资料分析表明，小流域($F=0.1\sim10\ km^2$)的中心点雨量和流域面平均雨量的相关关系线接近45°直线，尽管有2%～20%的点据离差，但由点或面雨量资料系列经过频率计算求得的两组统计参数($\bar{x}$，C_v，C_s)是相近的。因此，以点代面求设计暴雨量是可以允许的。但是，当流域面积稍大，点雨量与面雨量之间的差异就明显增大。根据资料条件和流域面积大小，设计面暴雨量的分析方法有直接计算与间接计算两种。

1. 设计暴雨量的直接计算法

当设计流域雨量站较多、分布较均匀、各站又有长期的同期资料、能求出比较可靠的流域平均雨量(面雨量)时，就可直接选取每年指定统计时段的最大面暴雨量，进行频率计算，从而求得设计面暴雨量。

(1)暴雨资料的收集与审查。暴雨资料的主要来源是国家水文、气象部门所刊印的雨量站网观测资料，但也要注意收集有关部门专用雨量站和社会雨量站的观测资料。强度特大的暴雨中心点雨量，往往不易为雨量站测到。因此，必须结合调查收集暴雨中心范围和历史上特大暴雨资料，了解当时雨情，尽可能估计出调查地点的暴雨量。我国暴雨资料按其观测方法及观测次数的不同，分为日雨量资料、自记雨量资料和分段雨量资料三种。日雨量资料一般是指当天8:00到次日8:00所记录的雨量资料。自记雨量资料是以分钟为单位记录的雨量过程资料。分段雨量资料一般是以1、3、6、12 h等不同的时间间隔记录的雨量资料。暴雨资料还需进行可靠性、代表性和可一致性审查。

(2)定时段最大暴雨的选择及统计。首先，计算每年各次大暴雨逐日面雨量。在收集流域内和附近雨量站的资料并进行分析审查的基础上，先根据当地雨量站的分布情况，选定推求流域平均(面)雨量的计算方法(如算术平均法、泰森多边形法或等雨量线图法等)，计算每年各次大暴雨的逐日面雨量。然后选定不同的统计时段，按独立选样的原则，统计逐年不同时段的年最大面雨量。其次，确定本流域形成洪水的暴雨时段。对于大、中流域的暴雨统计时段，一般取1、3、7、15、30 d，其中1、3、7 d暴雨是一次暴雨的核心部分，是直接形成所求的设计洪水部分；统计更长时段的雨量则是为了分析暴雨核心部分起始时刻流域的蓄水状况。最后，选择各年不同时段最大值组成样本。选样原则：年最大、独立、连续。

(3)面雨量资料的插补展延。在统计各年的面雨量资料时，经常遇到这样的情况：设计流域内早期(如20世纪50年代以前及50年代初期)雨量站点稀少，近期雨量站点多、密度大。一般来说，以多站雨量资料求得的流域平均雨量比以少站雨量资料求得的精度高。为提高面雨量资料的精度，需设法插补展延较短系列的多站面雨量资料。一般可利用近期的多站平均雨量x_d与同期少站平均雨量x_s建立关系。若相关关系好，可利用相关线展延多站平均雨量作为流域面雨量。若少站平均雨量计算采用流域内或附近均匀分布的两三个雨量站资料，则多站平均雨量与少站平均雨量的相关关系一般较好，这是因为两者具有相似的影响因素。为了解决同期观测资料较短、相关点据较少的问题，在建立相关关系时，可利用一年多次法选样，以增添一些相关点据，更好地确定相关线。

（4）特大暴雨的处理。实践证明，暴雨资料系列的代表性与系列中是否包含有特大暴雨有直接关系。一般的暴雨变幅不很大，若不出现特大暴雨，统计参数 $\bar{x}$、C_v 往往会偏小。若在短期资料系列中，一旦出现一次罕见的特大暴雨，就可以使原频率计算成果完全改观。判断暴雨资料是否属特大值，一般可从经验频率点据偏离频率曲线的程度、模比系数 K_p 的大小、暴雨量级在地区上是否很突出，以及论证暴雨的重现期等方面进行分析判断。若本流域没有特大暴雨资料，则可进行暴雨调查，或移用邻近流域已发生过的特大的暴雨资料。移用时，要进行暴雨、天气资料的统计分析，当表明形成暴雨的气象因素基本一致，且地形的影响又不足以改变天气系统的性质时，才能把邻近流域的特大暴雨移用到设计流域，并在数量上加以修正。

特大值处理的关键是确定重现期。对特大暴雨的重现期必须做深入细致的分析论证；若没有充分的依据，就不宜做特大值处理。若误将一般大暴雨作为特大值处理，会使频率计算成果偏低，影响工程安全。

（5）面雨量频率计算。面雨量统计参数的估计，我国一般采用适线法，其经验频率公式通常采用期望值公式，线型采用 PⅢ 型。根据我国暴雨特性及实践经验，我国暴雨的 C_s 与 C_v 的比值，一般地区为 3.5 左右，在 $C_v > 0.6$ 的地区约为 3.0，在 $C_v < 0.45$ 的地区约为 4.0。以上比值可供适线时参考。

在频率计算时，最好将不同历时的暴雨量频率曲线点绘在同一张频率格纸上，并注明相应的统计参数，加以比较。各种频率的面雨量都必须随统计时段增大而加大；发现不同历时频率曲线交叉等不合理现象时，应做适当修正。

（6）设计面暴雨量计算成果的合理性检查。现有的暴雨资料系列大都较短，据此进行频率计算，特别是外延设计情况，抽样误差很大。因此，对频率计算的成果，必须根据水文现象的特性和成因进行合理性分析，以提高成果的可靠性。分析检查可以从以下几个方面进行：

一是对本流域，要求各时段雨量频率曲线在实用范围内不相交。如出现交叉现象，应对其中突出的曲线和参数进行复核和调整。暴雨均值是随着历时的增加而增大的。经大量的分析表明，变差系数 C_v 随历时的变化可概化为单峰曲线。即当历时较短时，C_v 值较小；随历时的增加，C_v 值宜增大；当历时增加到一定程度时，C_v 出现最大值；随着历时的继续增加，C_v 又逐渐减小。

二是在流域面上，应结合气候、地形条件，将本流域的分析成果与邻近地区的统计参数进行比较，以检查其合理性。

三是将各种历时的设计暴雨与邻近地区的特大暴雨实测记录相比较，检查设计值的合理性。对于稀遇频率的设计暴雨，还应与全国甚至世界相似地区实测大暴雨记录相比，以检查其合理性。

2. 设计暴雨量的间接计算法

（1）设计点暴雨量的计算。

A. 有较充分点雨量资料时设计点暴雨量的计算。推求设计点暴雨量，此点最好在流坡的形心处。若流域形心处或附近有一观测资料系列较长的雨量站，则可利用该站的资料进行频率计算，推求设计暴雨量。若长系列的站不在流域中心或其附近，可先求出流域内各测站的设计点暴雨量，然后绘制设计暴雨量等值线图，用地理插值法推求流域中心的设计暴雨量。进行点暴雨系列的统计时，一般采用定时段年最大值选样。暴雨时段长的选取与面暴雨量情况一样。如样本系列中缺少大暴雨资料，则系列的代表性不足，频率计算成果的稳定性差，应尽可能延长系列。可将气象一致区内的暴雨移置于设计地点，同时要估计特大暴雨的重现期，以便合理计算其经验频率。由于暴雨的局地性，点暴雨资料一般不宜采用相关法插补。根据《水电工程设计洪水计算规范》，建议采用以下方法插补展延：

a. 距离较近时，可直接借用邻站某些年份的资料。

b. 一般年份，当相邻地区测站雨量相差不大时，可采用邻近各站的平均值插补。

c. 大水年份，当邻近地区测站较多时，可绘制次暴雨或年最大值等值线图进行插补。

d. 大水年份缺测，用其他方法插补较困难，而邻近地区已出现特大暴雨，且从气象条件分析有可能发生在本地区时，可移用该特大暴雨资料。

e. 如与洪水的峰量关系较好，可建立暴雨和洪水峰量的相关关系，插补大水年份缺测的暴雨资料。

绘制设计暴雨等值线时，应考虑暴雨特性与地形的关系。进行插值推求流域中心设计暴雨时，亦应尽可能考虑地区暴雨特性，在直线内插的基础上可以适当调整。在暴雨资料十分缺乏的地区，可利用各地区的水文手册中的各时段年最大暴雨量的均值及 C_v 等值线图，以查找流域中心处的均值及 C_v 值，然后取 C_s 为 C_v 的固定倍比，确定 C_s 值，即可由此统计参数对应的频率曲线推求设计暴雨值。

B. 缺乏点雨量资料时设计点暴雨量的计算。当流域内缺乏具有较长雨量资料的代表站时，设计点暴雨量的推求可利用暴雨等值或参数的分区综合成果。目前全国和各省（区）均编制了各种时段（如 1、3、7 d 及 1、6、24 h 等）的暴雨均值及 C_v 等值线和 C_s/C_v 的分区数值表，载入暴雨洪水图集或手册中，这为无资料地区计算设计点暴雨量提供了方便。使用等值线图推求设计点暴雨量，需先在某指定时段的暴雨均值和 C_v 等值线图上分别勾绘出设计流域的分水线，并定出流域中心位置，然后读出流域中心点的均值和 C_v 值。暴雨的 C_s 通常采用 $3.5C_v$，也可根据暴雨洪水图集提供的数据选定。有了 3 个统计参数，即可求得指定设计频率的时段设计点暴雨量。同理，可按需要求出其他各种时段的设计点暴雨量。

由于等值线图往往只反映大地形对暴雨的影响，不能反映局部地形的影响，在一般资料较少而地形又复杂的山区，应用暴雨等值线图时需谨慎。应尽可能搜集近期的一些暴雨实测资料，对由等值线图查出的数据，进行分析比较，必要时做一些修正。此外，在各省(区)暴雨洪水图集或手册中，还有经分区综合分析所得的各种历时暴雨地区综合统计参数成果，可供无资料情况下推求设计点暴雨量应用。只要按设计流域所在分区，查得指定时段的点雨量统计参数，就可求得设计点暴雨量。一般来说，利用暴雨等值线图或参数的分区综合成果所推求的设计点暴雨量精度是不高的。

(2)设计面暴雨量的计算。将设计点暴雨量转换成设计面暴雨量，要利用暴雨的点面关系。暴雨的点面关系通常有定点-定面关系和动点-动面关系两种。

A. 定点-定面关系。若流域内具有短期面雨量资料系列，可采用一年多次法选样来绘制流域中心雨量 P_0 与流域面雨量 $P_面$ 的相关图，作为相互换算的基础。若点据分布散乱造成定线困难时，可以作"同频率关系"，即 P_0、$P_面$ 分别按递减次序排列，由同序号雨量建立相关图。这样通过相关图求得点、面雨量换算系数，就可由设计点雨量推得相应的设计面雨量。

B. 动点-动面关系。动点-动面关系的具体做法是选择若干场大暴雨和特大暴雨资料，绘出各种时段的暴雨量等值线图。计算各雨量等值线所包围的面积 f_i 及相应的面平均雨量 $P_面$，分别以 $P_面$、P_0(P_0 为暴雨中心雨量)与面积 f 点绘相关图。由于各场暴雨的中心和等雨量线的位置是变动的，将此相关线称为动点-动面雨量关系。同一地区各场暴雨的上述关系曲线各不相同，一般取几场暴雨 $P_面/P_0$-f 关系平均线，或为了安全起见，取上包线作为由点设计暴雨量转化为设计面暴雨量的依据。

根据动点-动面关系来换算设计面雨量，实质上引进了三项假定：设计暴雨中心与流域中心重合，流域边界与等雨量线重合，设计雨的地区分布符合平均(或外包)线的点面关系。但这三项假定缺乏实际资料的验证，该法缺乏理论依据。应用其成果应慎重。

4.2.2　设计暴雨的时空分配

1. 设计暴雨时程分配

(1)典型暴雨过程的选择和概化。

有实测资料情况下，典型暴雨的选取原则：首先要考虑所选典型暴雨的分配过程应是设计条件下比较容易发生的，其次要考虑是对工程不利的。所谓比较容易发生，首先是从量上来考虑，应使典型暴雨的雨量接近设计暴雨的雨量；其次是要使所选典型的雨峰个数、主雨峰位置和实际降雨时数是大暴雨中常见的情况，即这种雨型在大暴雨中出现的次数较多。所谓对工程不利，主要是指两个方面：①雨量比较集中，如 7 d 暴雨特别集中在 3 d，3 d 暴雨特别集中在 1 d 等；②主雨峰比较靠后。这样的降雨分配过程所形成的洪水洪峰较大且出现较迟，对水库安全将是不利的。为了简便，有时选择单站雨量过程作典型。

在无实测资料情况下，可借用邻近暴雨特性相似流域的典型暴雨过程，或引用各省（区）暴雨洪水图集中按地区综合概化得出的典型概化雨型（一般以百分比表示）来推求设计暴雨的时程分配。

（2）设计暴雨时程分配计算。选定了典型暴雨过程后，就可用同频率设计暴雨量控制方法，对典型暴雨分段进行缩放。不同时段控制放大时，控制时段划分不宜过细，一般以 1、3、7 d 控制。对暴雨核心部分 24 h 暴雨的时程分配，时段划分视流域大小及汇流计算所用的时段而定，一般取 2、4、6、12、24 h 控制。典型暴雨过程的缩放方法与设计洪水的典型过程缩放计算基本相同，一般均采用同频率放大法。

最大 1 d：

$$K_1 = \frac{x_{1p}}{x_1};$$ (4.14)

最大 3 d 中其余 2 d：

$$K_{3-1} = \frac{x_{3p} - x_{1p}}{x_3 - x_1};$$ (4.15)

最大 7 d 中其余 4 d：

$$K_{7-3} = \frac{x_{7p} - x_{3p}}{x_7 - x_3}。$$ (4.16)

2. 设计暴雨的地区分布

水库或梯级水库承担下游防洪任务时，需要拟定流域上各分区的洪水过程。因此，需要给出设计暴雨在流域上的分布。其计算方法与设计洪水的地区组成计算方法相似。

典型的工程设计情况如下：推求防洪断面 A 以上流域的设计暴雨时，若上游已建有工程措施（如已建梯级水库 B），则必须将 A 以上流域的总雨量分成两部分，即 B 以上流域的雨量及 AB 区间面积上的雨量。在实际工作中，一般是根据以往实测资料，并从工程规划的安全与经济着眼，选定一种分配型式，进行模拟放大。常用的有以下两种方法。

（1）典型暴雨图法。从实际资料中选择降雨量大的一个暴雨图形（等雨量线图）移置于流域上。为安全考虑，常把暴雨中心放置在 AB 区间，而不是放置在流域中心。这样放置使区间水量所占比例最大，对防洪断面 A 更为不利。然后量算防洪断面 A 以上流域范围内的典型暴雨等雨量线图，分别求出水库 B 以上流域的典型面雨量（x_B）和 AB 区间的典型面雨量（x_{AB}），乘以各自的面积，得水库 B 以上流域的总水量（$W_B = x_B F_B$）和区间 AB 的总水量（$W_{AB} = x_{AB} F_{AB}$），并求得它们所占的相对比例。设计暴雨总量（$W_{Ap} = x_{Ap} F_A$）按它们各自所占的比例分配，即得设计暴雨量在水库 B 以上和区间 AB 上的面分布。最后通过设计暴雨时程分配计算，得出两部分设计暴雨过程。

（2）同频率控制法。对防洪断面 A 以上流域的面雨量和 AB 区间面积上的面雨量分别进行频率计算，求得各自的设计面雨量 x_{Ap}、x_{ABp}。按同频率原则考虑，采取防洪断面 A 以上流域发生指定频率 p 的设计面暴雨量时，AB 区间面积上也发生同频率暴雨，水库以上流域则为相应雨量（其频率不定），即

$$x_B = \frac{x_{Ap}F_A - x_{ABp}F_{AB}}{F_B}。 \tag{4.17}$$

4.2.3　由设计暴雨推求设计洪水

求得设计暴雨后，进行流域产流、汇流计算，可求得相应的洪水过程。下面主要介绍在设计条件如暴雨强度及总量较大、当地雨量和流量资料不足等情况下，计算中应注意的问题。

1. 设计 P_a 的计算

设计暴雨发生时流域的土壤湿润情况是未知的，可能很干（$P_a = 0$），也可能很湿（$P_a = I_m$），所以设计暴雨可与任何值（$0 \leqslant P_a \leqslant I_m$）相遭遇，这属于随机变量的遭遇组合问题。目前，生产上常用下述三种方法求设计条件下的前期影响雨量，即设计 P_a。

（1）经验方法。在湿润地区，当设计标准较高、设计暴雨量较大时，P_a 的作用相对较小。由于雨水充沛，土壤经常保持湿润情况。为了安全和简化，可取 $P_a = I_m$。

因 P_a 在 $0 \sim I_m$ 之间变化，设计情况下取

$$P_{a,p} = rI_m。 \tag{4.18}$$

式中：$r = 0 \sim 1.0$，设计标准较高的湿润地区 $r = 1.0$，一般 $r = 0.5 \sim 0.8$；设计标准较低的干旱地区 $r = 0$。

（2）扩展暴雨过程法。在拟定设计暴雨过程时，加长暴雨历时，增加暴雨的统计时段，把核心暴雨前面一段也包括在内。例如，原设计暴雨采用 1、3、7 d 三个统计时段，现增长到 30 d，即增加 15、30 d 两个统计时段。分别作上述各时段雨量频率曲线，选暴雨核心偏在后面的 30 d 降雨过程作为典型，而后用同频率分段控制缩放得 7 d 以外 30 d 以内的设计暴雨过程。后面 7 d 为原先缩放好的设计暴雨核心部分，是推求设计洪水用的。前面 23 d 的设计暴雨过程用来计算 7 d 设计暴雨发生时的 P_a 值，即设计 P_a。

当然，30 d 设计暴雨过程开始时的 P_a 值（即初始值）如何定仍然是一个问题。不过，初始 P_a 值假定不同，对后面的设计 P_a 值影响甚微，因为初始 P_a 值要经过 23 d 的演算后才到设计暴雨核心部分。一般可取 $P_a = 1/2I_m$ 或 $P_a = I_m$。

（3）同频率法。假如设计暴雨历时为 t 日，分别对 t 日暴雨量 x_t 系列和每次暴雨开始时的 P_a 与暴雨量 x_t 之和即 x_t+P_a 系列进行频率计算，从而求得 x_{tp} 和 $(x_t+P_a)_p$，则与设计暴雨相应的设计 P_{ap} 值可由两者之差求得，即 $P_{ap}=(x_t+P_a)_p-x_{tp}$。当得出 $P_{ap}>I_m$ 时，则取 $P_{ap}=I_m$。

上述三种方法中，扩展暴雨过程法用得较多。经验方法仅适用于湿润地区，在干旱地区包气带不易蓄满，故不宜使用。同频率法在理论上是合理的，但在实用上也存在些问题，它需要由两条频率曲线的外延部分求差，其误差往往很大，常会出现一些不合理现象，如设计 P_a 大于 I_m 或设计 P_a 小于零。

对以蓄满产流为主的湿润地区，同频率法和扩展设计暴雨法都比较好，但计算工作量都很大。经验方法最简便，经验性强，有不少单位使用。

2. 汇流计算

有了设计净雨过程，即可据以进行汇流计算，推求设计洪峰流量及洪水过程线。针对北江流域，汇流计算有广东省综合单位线方法和推理公式法（1988 年修订）两种方法。它们采用的途径不同，具体计算方法也不一致，故分别说明。

（1）广东省综合单位线方法。广东省综合单位线是通过深入研究纳希瞬时单位线方法，汲取国内外经验，提出的一套具有广东特色的综合单位线（图 4.2）。其中，时段单位线的定义如下：河流上某一断面的时段单位线是指由 Δt 内净雨强度不变，集水区内空间分布均匀的单位净雨（即 1 mm）在出口断面形成的地表径流过程线。

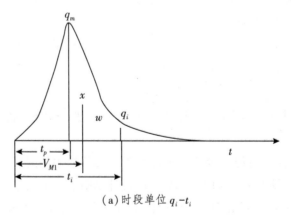

（a）时段单位 q_i-t_i

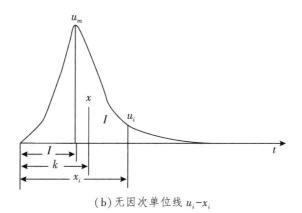

（b）无因次单位线 u_i-x_i

图 4.2 广东省综合单位线示意

无因次单位线 u_i-x_i 的纵横坐标公式分别为：

$$u_i = \frac{q_i t_p}{W},\qquad(4.19)$$

$$x_i = \frac{t_i}{t_p}\,。\qquad(4.20)$$

式中：u_i 为无因次单位线的纵坐标（比值）；x_i 为无因次单位线的横坐标（比值）；q_i 为时段单位线的纵坐标，m^3/s；t_i 为时段单位线的横坐标，h；t_p 为时段单位线的上涨历时，h；$W=F/3.6$，相当于 1 mm 的净雨所形成的时段单位总洪量；F 为流域面积，km^2。

Δt 时段单位线包围的面积为：

$$\sum q_i \Delta t = W\,。\qquad(4.21)$$

因此，无因次单位线包围的面积为：

$$\sum u_i \Delta x = \sum \frac{q_i t_p}{W}\frac{\Delta t}{t_p} = \frac{\sum q_i \Delta t}{W} = 1\,。\qquad(4.22)$$

在设计上运用无因次单位线时，时段单位线的纵横坐标可由式（4.19）和式（4.20）得出：

$$q_i = u_i \frac{W}{t_p},\qquad(4.23)$$

$$t_i = x_i t_p\,。\qquad(4.24)$$

在具体设计中，W 为已知（按暴雨径流查算图表求得），故只需求出 t_p 即可得出设计时段单位线。

对于一条典型的无因次单位线，其一阶原点矩 K 与上涨历时 $x_p = 1$ 的比值 $\frac{K}{x_p}=K$ 是定值，故时段单位线 q_1-t_1 的一阶原点矩 $V_{u1}=Kt_p$，则

$$t_p = \frac{V_{u1}}{K}\,。\qquad(4.25)$$

按单位线矩定理，Δt 时段单位线的 V_{u1} 与单位线滞时 m_1 存在以下关系：

$$V_{u1} = m_1 + \frac{1}{2}\Delta t。 \tag{4.26}$$

确定单位线滞时 m_1 后，即可求得：

$$t_p = \frac{m_1 + \frac{1}{2}\Delta t}{K}。 \tag{4.27}$$

时段单位线滞时 m_1 和无因次单位线的一阶原点矩 K 均可按单站资料用矩法或矩法加优选求得。

（2）推理公式法。推理公式法（1988 年修订）和 1976 年推理公式法一样，先求设计洪峰流量 Q_m，再推求设计洪水过程线。

1976 年推理公式是从 $h_R - \frac{m}{\theta} - \tau$ 相关图上查出 τ 后再计算 Q_m。h_R 为最大 24 h 设计净雨过程中主雨峰段的净雨总量，是根据设计雨型中划定的主雨峰段确定的。目前设计雨型已经用模糊聚类法重新分析确定，原有的 $h_R - \frac{m}{\theta} - \tau$ 相关图已不能使用；考虑到划分主雨峰段没有严格的准则，因而 h_R 有较大任意性，τ 值精度及据以计算的 Q_m 的精度均受到影响；因此不再建立 $h_R - \frac{m}{\theta} - \tau$ 关系，手算采用图解法、电算采用迭代法联解推理公式的基本公式来推求设计洪峰流量 Q_m 及相应的 τ 值：

$$Q_m = 0.278 \left(\frac{S_p}{\tau^{n_p}} - \bar{f} \right) F， \tag{4.28}$$

$$\tau = \frac{0.278L}{mJ^{1/3}Q_m^{1/4}}。 \tag{4.29}$$

推求设计洪峰流量 Q_m 的关键在于正确确定汇流参数 m，m 值偏大或偏小直接导致 Q_m 偏大或偏小。汇流参数 m 根据工程集水区域特征参数 $\theta = \frac{L}{J^{1/3}}$，从推理公式法（1988 年修订）汇流参数 m-θ 关系图上查取。必须注意，现在采用的 $\theta = \frac{L}{J^{1/3}}$ 和 1976 年及其以前的推理公式所采用的 $\theta = \frac{L}{J^{1/3}F^{1/4}}$ 是不同的，不可混淆。m-θ 关系分大陆及海南两个区，大陆又按地形条件分为山区、高丘、低丘平原三种类型的 m-θ 关系线，海南只有一条 m-θ 关系线。应用时，应参照前面的汇流参数分类指标表，结合工程集水区域的下垫面条件选定。由于汇流参数 m 是汇流速度公式 $V = mJ^{1/3}Q_m^{1/4}$ 中的经验系数，与 V 为正比关系，汇流条件有利的，V 大，汇流参数 m 应取大一些；汇流条件不利的，V 小，m 应取小一些。大陆地区 m-θ 关系虽按地形划分为三种类型，但并不意味着属于某一类型的一定要在相应的 m-θ 关系线上查取 m，也要根据工程集水区域下垫面具体情况在线上或两线之间取值。海南的一条关系线大体代表山丘区，m 的取值可参照大陆不同类型 m-θ 变幅范围，根据工程集水区域的下垫面情况选定。

由于在最大 24 小时内的不同时段：$t<1\ \mathrm{h}$、$1<t<6\ \mathrm{h}$、$6<t\leqslant 24\ \mathrm{h}$ 的 S_p 和 n_p 是不相同的(详见本章设计暴雨计算中的设计面暴雨量的计算)，而 τ 值是待定的，在推求设计洪峰流量时要注意所用 S_p 和 n_p 对应的时段是否与 τ 所在的时段一致，否则会导致很大误差。在手算时，需根据工程集水面积及暴雨大小等因素，初步估计 τ 值的时段范围，计算相应时段的 S_p 和 n_p，求得 Q_m 后，必须回头检查 τ 值是否与初步估计的时段范围一致，否则需重新计算。

手算采用图解法和电算采用迭代法的基本原理相同，都是联解上述推理公式的两个基本公式。手算图解法在估计 τ 值后，可在 τ 值附近假设几个 t 值，计算 $Q_m=0.278\left(\dfrac{S_p}{t^{n_p}}-\bar{f}\right)F=$

$0.278\dfrac{h_\tau}{t}F$，点绘 Q_m-t 关系曲线；在选定 m 值后，假定几个 Q_m 值，计算 $\tau=\dfrac{0.278L}{mJ^{1/3}Q_m^{1/4}}$，点绘 Q_m-t 关系曲线；两条曲线交点的 Q_m、τ 值即为所求。

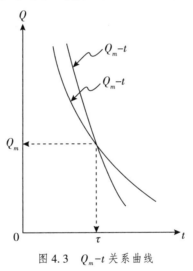

图 4.3　Q_m-t 关系曲线

设计洪水过程线的计算与 1976 年推理公式相同。在最大 24 h 设计净雨过程中，截取连续时段相当于 τ 时段的净雨 $h_\tau=H_\tau-\tau\bar{f}$，其不足或多余部分则从相邻较大时段净雨中取舍，但 τ 值不改变。然后按求得的 Q_m、τ 用推理公式法(1988 年修订)全省综合概化洪水过程线表求出相应于 τ 时段净雨形成的主洪峰过程线。

最大 24 h 设计净雨过程中 τ 时段前、后的净雨分别累加为 $h_{\tau前}$ 和 $h_{\tau后}$，最大 3 d 设计净雨过程中除最大 24 h 以外的其他 2 d，则以 1 d 作为一个时段求出其净雨量。这四个时段的净雨形成的洪水过程则分别概化为洪量 $W_\tau=1000h_\tau F$、峰值 $Q_{m\tau}=\dfrac{2W_\tau}{t+\tau}$、底宽为 $(t+\tau)$ 的三角形。(h_τ 为 $h_{\tau前}$、$h_{\tau后}$ 及其他 2 d 的净雨量，mm；F 为工程集水面积，km^2；t 为各时段长，h；τ 为主洪峰的汇流历时，h。）

点绘洪水过程线是将主洪峰 Q_m 放在相应于 H_τ 时段雨量的终点，主峰前的各时段次峰 $Q_{m\tau}$ 放在分段降雨的终点，主峰后的各时段次峰 $Q_{m\tau}$ 则放在该时段降雨开始计起的 τ 时段的终点，然后将各个时段的洪水过程线叠加，得到整个洪水过程线。

4.3 设计实例

4.3.1 设计内容

（1）研究区为第二章中案例，选择石角站、横石站、飞来峡水利枢纽三个站点中任意站点流量序列，计算 1% 频率的最大洪峰流量和年最大 1 d 洪量、最大 3 d 洪量、最大 7 d 洪量设计值，同时计算典型洪水过程的最大洪峰流量和年最大 1 d 洪量、最大 3 d 洪量、最大 7 d 洪量设计值，应用同频率放大倍比方法，得到相应 1% 频率的设计洪水过程线。

（2）利用《广东省暴雨径流查算图表》及广东省综合单位线法或推理公式，计算无资料小流域的 20 年一遇设计洪水过程线。

4.3.2 横石站设计洪水过程线拟定

1. 历史特大洪水调查考证

基于章节 2.4 针对横石站资料的"三性"审查结果，根据研究区资料珠江水利委员会的调查考证，有以下结论：

（1）1915 年和 1931 年洪水分别是横石站自 1764 年以来最大和第二大的洪水，其洪峰流量和最大 1 d、最大 3 d、最大 7 d 洪量如表 4.1 所示。

（2）1764 年、1877 年洪水与 1982 年洪水同量级计；1878 年与 1914 年洪水均比 1982 年洪水略小，故认为 1878 年、1914 年洪水与 1944 年洪水同量级。

表 4.1 1915 年、 1931 年历史特大洪水特征洪量

年份	洪峰流量/$m^3 \cdot s^{-1}$	最大 1 d 洪量/万 m^3	最大 3 d 洪量/万 m^3	最大 7 d 洪量/万 m^3
1915 年	21000	488889	1322222	2377778
1931 年	19600	455556	1230556	2205556

2. 频率计算结果

采用统一样本法进行计算，实测期为 1956—1998 年，剔除了 1961 年和没有数据的 1987 年，得经验频率如表 4.2 所示。

表 4.2　经验频率计算结果

序列	洪峰/m³·s⁻¹	最大 1 d 洪量/万 m³	最大 3 d 洪量/万 m³	最大 7 d 洪量/万 m³	频率
1	18005.32	425527.61	1121126.85	1709974.25	2.38
2	17524.92	418703.11	1146362.04	2158659.21	4.76
3	15008.21	339474.73	984553.77	1875402.69	7.14
4	14628.23	347902.41	963173.47	1693237.66	9.52
5	14300.19	333341.12	907305.54	1786187.86	11.90
6	12744.45	295521.60	739506.74	1317074.38	14.29
7	11706.61	275080.20	670491.94	1170864.28	16.67
8	11704.43	269363.75	631708.76	933292.42	19.05
9	11446.38	271242.13	763791.83	1303251.42	21.43
10	11048.87	255026.68	669190.56	1130131.77	23.81
11	11028.41	260615.04	656579.92	963490.04	26.19
12	10917.51	247275.45	624598.34	1040773.93	28.57
13	10636.98	250944.61	684921.91	1076197.21	30.95
14	10503.98	247031.51	652921.36	1178355.83	33.33
15	10500.50	244890.15	589826.10	852517.36	35.71
16	10458.96	241016.12	678044.27	1316867.17	38.10
17	9892.85	232028.38	602656.06	1214625.37	40.48
18	9833.75	228993.86	611482.54	1091807.32	42.86
19	9593.12	225982.77	641419.57	1313922.95	45.24
20	9460.83	222437.39	615386.08	1197786.32	47.62
21	8879.36	207833.61	520954.32	782532.19	50.00

（续上表）

序列	洪峰/m³·s⁻¹	最大 1 d 洪量/万 m³	最大 3 d 洪量/万 m³	最大 7 d 洪量/万 m³	频率
22	8701.78	205843.02	565382.21	1041385.12	52.38
23	8595.32	198253.68	462182.27	655530.09	54.76
24	8586.05	201835.62	460146.53	652493.95	57.14
25	8086.89	184806.23	422185.86	562474.35	59.52
26	7878.49	180162.03	434862.37	794171.47	61.90
27	7791.23	175959.26	430609.93	735490.27	64.29
28	7721.38	175920.27	397145.42	545958.93	66.67
29	7544.34	177062.69	484297.43	919276.07	69.05
30	7384.87	169960.93	384271.13	577654.52	71.43
31	7361.39	169796.59	390907.13	682647.09	73.81
32	7351.84	171817.04	444470.65	824832.08	76.19
33	7342.26	168141.16	411830.67	655282.61	78.57
34	7044.39	161128.37	390371.50	719388.52	80.95
35	6800.33	157289.51	377487.88	589427.79	83.33
36	6020.30	138055.89	386546.62	695391.72	85.71
37	5812.03	132238.58	297968.82	507287.12	88.10
38	5663.72	131140.59	344359.92	592107.42	90.48
39	4503.51	105202.40	255276.66	426231.38	92.86
40	3470.16	79337.87	181392.43	274839.92	95.24
41	2660.96	63508.28	172641.99	311064.02	97.62

3. 频率曲线参数估计及指定频率变量计算结果

利用矩法、权函数法估计的参数初值如表 4.3 所示。运用经验适线法进行调整，最终的洪峰流量和最大 1、3、7 d 洪量的频率曲线如图 4.4 至图 4.7 所示，选定最优参数及其拟合程度、1% 频率的设计值如表 4.4 所示。

表 4.3　矩法、权函数法估计参数初值

项目	$\bar{x}$	C_v	C_s	
			矩法	权函数法
洪峰	9418 m³/s	0.36	0.57	1.00
最大 1 d 洪量	219212 万 m³	0.36	0.63	1.09
最大 3 d 洪量	565130 万 m³	0.40	0.75	1.19
最大 7 d 洪量	972436 万 m³	0.45	0.80	1.25

表 4.4　参数选定、拟合程度、1%频率设计值结果

项目	$\bar{x}$	C_v	C_s	拟合程度/%	1%频率设计值
洪峰	9418.17 m³/s	0.36	0.68	97.35	18945.52 m³/s
最大 1 d 洪量	219212.01 万 m³	0.39	0.77	97.51	464652.31 万 m³
最大 3 d 洪量	565130.23 万 m³	0.43	0.96	97.23	1293324.85 万 m³
最大 7 d 洪量	972436.25 万 m³	0.49	1.10	98.63	2443182.83 万 m³

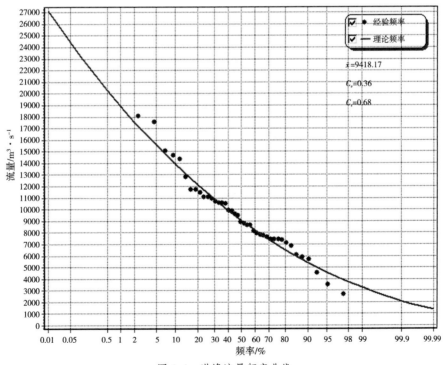

图 4.4　洪峰流量频率曲线

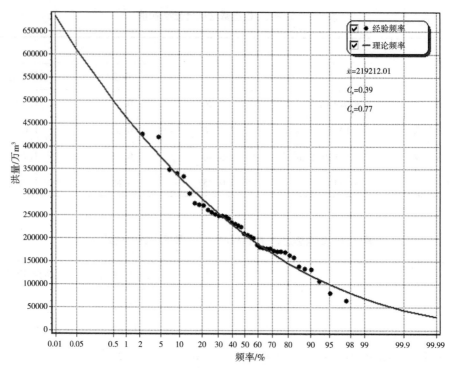

图 4.5 最大 1 d 洪量频率曲线

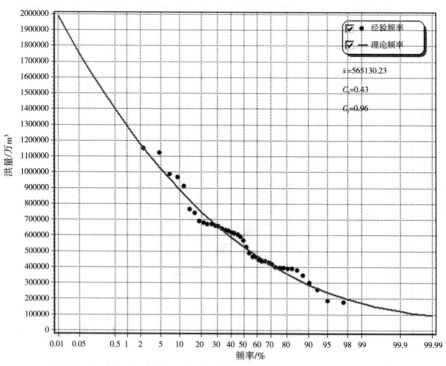

图 4.6 最大 3 d 洪量频率曲线

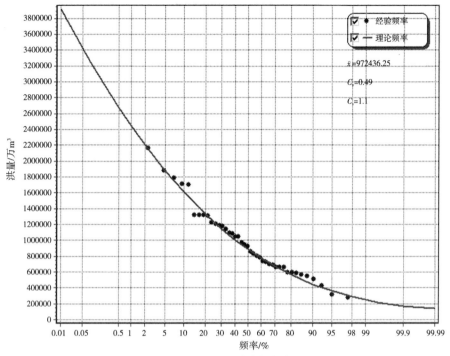

图 4.7　最大 7 d 洪量频率曲线

4. 洪水过程线的拟定

综合考虑多个条件，遵守不利有害原则，已知北江流域的汛期为 4—9 月，且易出现断续多次降雨，相应的洪水过程线会出现双峰现象。基于以上流域洪水特点，本书选择较为典型的 5 场洪水进行设计洪水过程线配线，采用同频率放大法进行放大，并根据洪量相等原理进行修匀处理。各时段放大倍比、洪量起止时间分别如表 4.5、表 4.6 所示，修匀后的设计洪水过程线图如图 4.8 至图 4.12 所示。

由图可知，这 5 场洪水过程线都有着洪峰较大、峰型尖瘦的特点，其中 1982 年、1994 年洪水洪峰较大，洪量亦较大；1966 年、1993 年、1994 年洪水主峰靠后，对水利工程不利；1993 年洪水过程线为双峰型，这对水利工程而言也是不利的。因此，这 5 场洪水过程线能较好地代表了北江流域洪水特点。

表 4.5　各时段放大倍比

年份	洪峰			1 d		
	流量/m³·s⁻¹	设计洪峰/m³·s⁻¹	放大倍比	洪量/万 m³	设计洪量/万 m³	放大倍比
1966	11446. 38	18945. 52	1. 66	271242. 13	464652. 31	1. 71
1982	18005. 32	18945. 52	1. 05	425527. 61	464652. 31	1. 09
1983	11048. 87	18945. 52	1. 71	255026. 68	464652. 31	1. 82
1993	10503. 98	18945. 52	1. 80	247031. 51	464652. 31	1. 88
1994	17524. 92	18945. 52	1. 08	418703. 11	464652. 31	1. 11

年份	3 d			7 d		
	流量/m³·s⁻¹	设计洪峰/m³·s⁻¹	放大倍比	洪量/万 m³	设计洪量/万 m³	放大倍比
1966	763791. 83	1293324. 85	1. 69	1303251. 42	2443182. 83	1. 87
1982	1121126. 85	1293324. 85	1. 15	1709974. 25	2443182. 83	1. 43
1983	669190. 56	1293324. 85	1. 93	1130131. 77	2443182. 83	2. 16
1993	652921. 36	1293324. 85	1. 98	1178355. 83	2443182. 83	2. 07
1994	1146362. 04	1293324. 85	1. 13	2158659. 21	2443182. 83	1. 13

表 4.6　各时段洪量起止时间

年份	峰现时间	最大 1 d 洪量		最大 3 d 洪量		最大 7 d 洪量	
		起始时间	结束时间	起始时间	结束时间	起始时间	结束时间
1966	1966/6/23 23: 01: 00	1966/6/23 11: 00	1966/6/24 11: 00	1966/6/22 10: 04	1966/6/25 10: 04	1966/6/20 12: 33	1966/6/27 12: 33
1982	1982/5/13 10: 42: 00	1982/5/13 2: 00	1982/5/14 2: 00	1982/5/12 14: 30	1982/5/15 14: 30	1982/5/10 22: 19	1982/5/17 22: 19
1983	1983/6/19 06: 16: 00	1983/6/18 15: 41	1983/6/19 15: 41	1983/6/17 13: 11	1983/6/20 13: 11	1983/6/17 3: 52	1983/6/24 3: 52
1993	1993/5/04 03: 17: 00	1993/5/3 12: 38	1993/5/4 12: 38	1993/5/2 14: 06	1993/5/5 14: 06	1993/4/29 5: 30	1993/5/6 5: 30
1994	1994/6/19 02: 06: 00	1994/6/18 13: 44	1994/6/19 13: 44	1994/6/17 1: 45	1994/6/20 1: 45	1994/6/15 0: 20	1994/6/22 0: 20

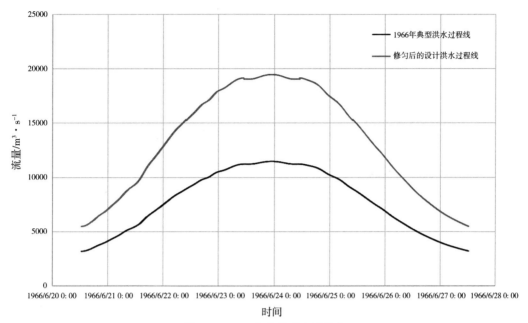

图 4.8 1966 年设计洪水过程线

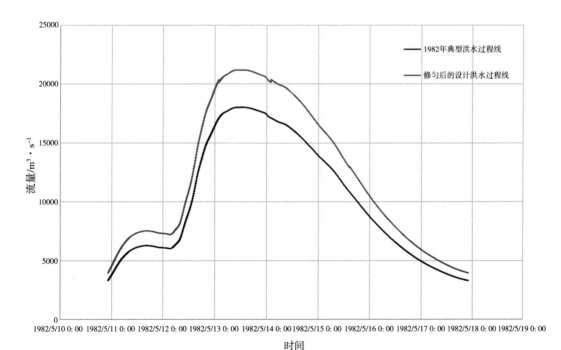

图 4.9 1982 年设计洪水过程线

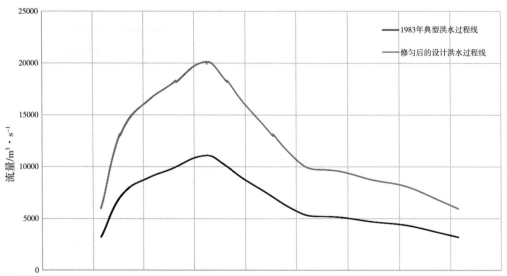

图 4.10　1983 年设计洪水过程线

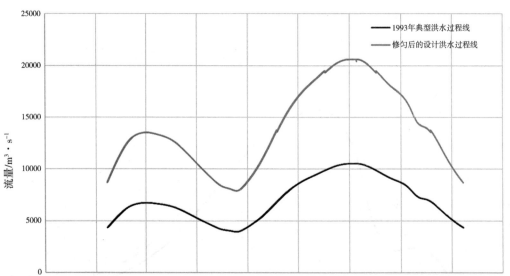

图 4.11　1993 年设计洪水过程线

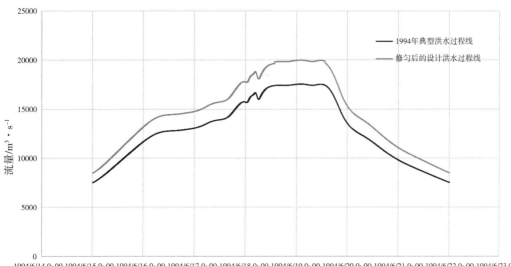

图 4.12　1994 年设计洪水过程线

4.3.3　飞来峡水利枢纽设计洪水过程线拟定

参照章节 2.4、3.2 和 4.3.2，对飞来峡水利枢纽来水资料进行"三性"审查、历史特大洪水资料考证和水文频率分析后，得到飞来峡水利枢纽洪水频率及统计参数计算成果（表 4.7）。运用同频率放大法，对典型洪水过程线进行放大，得设计洪水过程线（图 4.13）。

表 4.7　1953—1997 年飞来峡水利枢纽洪水频率及统计参数计算成果

参数设计值		洪峰流量/m³·s⁻¹	最大 3 d 洪量/亿 m³	最大 7 d 洪量/亿 m³	最大 15 d 洪量/亿 m³
系列	n	45	45	45	45
	N	234	234	234	234
	A	4	2	2	2
	L	2	1	1	1
首项历史洪水（发生年月）		24600（1915.7）	49.2（1915.7）	91.2（1915.7）	147（1915.7）
统计参数	$\bar{x}$	11773.12	22.58	37.47	61.72
	C_v	0.33	0.38	0.4	0.38
	C_s/C_v	3.0	3.0	3.0	3.0

（续上表)

参数设计值		洪峰流量/m³·s⁻¹	最大 3 d 洪量/亿 m³	最大 7 d 洪量/亿 m³	最大 15 d 洪量/亿 m³
各级频率（%）设计值	0.01	34824	76.93	134.13	208.08
	0.02	32800	72	125	198
	0.1	29318	63.52	117.47	171.69
	0.2	27960	59.2	110.19	160.1
	0.33	26300	56.1	102	150.05
	0.5	25292	53.81	95	140.14
	1	23491	49.49	88	130.05
	2	21900	45.5	78	117
	5	19058	39	69.63	105.17
	10	16978	34.16	58.08	92.05
	20	14719	28.97	48.95	77.97

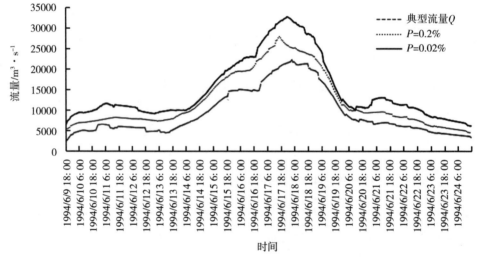

图 4.13　飞来峡水利枢纽设计洪水过程线

4.3.4　无资料小流域百年一遇设计洪水过程线拟定

以广州市某小流域为例，根据《广东省暴雨径流查算图表》查得该流域重心处的暴雨历时为 1/6、1、6、24、72 h 的统计参数均值 H_t 和 C_v 值，K_p 值用 $C_s = 3.5C_v$ 的 PⅢ型曲线，算得不同频率（$P = 2\%$、5%、10%、20%）的各历时点暴雨 H_p，再做点面折算，得出各历时的面设计暴雨量（表4.9）。该流域的流域参数为：集水面积 1.575 km²，主河涌长 2.65 km，河涌综合比降为 0.0017。设计洪水按照"多种方法、综合分析、合理取值"的原则，以《广东省暴雨径流查算图表》为基础，采用广东省综合单位线法和推理公式法两种方法计算。对于设计洪峰流量，两种方法计算成果需调整汇流参数，使设计洪峰流量相差在±20%幅度内。表 4.10 和图 4.14 展示了基于综合单位线法的 20 年一遇设计洪水计算结果。

表 4.9　广东省某小流域暴雨统计参数及设计面暴雨量

	历时/h	1/6	1	6	24	72
	暴雨量均值/mm	22	60	100	140	190
$P=2\%$	K_p	1.923	2.12	2.59	2.55	2.48
	设计面暴雨量/mm	42.31	127.20	259.00	357.00	471.20
$P=5\%$	K_p	1.67	1.796	2.10	2.07	2.03
	设计面暴雨量/mm	36.74	107.76	210.00	289.80	385.70
$P=10\%$	K_p	1.469	1.548	1.72	1.709	1.684
	设计面暴雨量/mm	32.32	92.88	172.00	239.26	319.96
$P=20\%$	K_p	1.265	1.287	1.342	1.339	1.332
	设计面暴雨量/mm	27.83	77.22	134.20	187.46	253.08

表 4.10　广东省某小流域 20 年一遇设计洪水线过程

时刻/h	流量/$m^3 \cdot s^{-1}$	时刻/h	流量/$m^3 \cdot s^{-1}$	时刻/h	流量/$m^3 \cdot s^{-1}$	时刻/h	流量/$m^3 \cdot s^{-1}$
0.00	0.30	6.33	0.58	12.33	1.70	18.33	9.88
0.33	0.32	6.67	0.50	12.67	2.02	18.67	8.33
0.67	0.37	7.00	0.37	13.00	2.56	19.00	6.76
1.00	0.44	7.33	0.28	13.33	3.10	19.33	5.54
1.33	0.49	7.67	0.21	13.67	3.72	19.67	4.58
1.67	0.53	8.00	0.16	14.00	4.64	20.00	3.75
2.00	0.55	8.33	0.12	14.33	5.55	20.33	3.12
2.33	0.57	8.67	0.10	14.67	6.65	20.67	2.63
2.67	0.59	9.00	0.11	15.00	8.96	21.00	2.24
3.00	0.60	9.33	0.15	15.33	12.10	21.33	1.88
3.33	0.61	9.67	0.27	15.67	17.10	21.67	1.49
3.67	0.61	10.00	0.48	16.00	23.10	22.00	1.07
4.00	0.62	10.33	0.66	16.33	26.11	22.33	0.74
4.33	0.62	10.67	0.84	16.67	25.11	22.67	0.51
4.67	0.63	11.00	1.04	17.00	20.40	23.00	0.35
5.00	0.63	11.33	1.19	17.33	16.50	23.33	0.26
5.33	0.63	11.67	1.31	17.67	13.70	23.67	0.19
5.67	0.63	12.00	1.49	18.00	11.40	24.00	0.14
6.00	0.62						

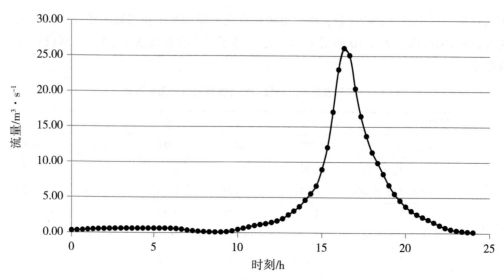

图 4.14　广东省某小流域 20 年一遇设计洪水过程线

参考文献

陈家琦，张恭肃. 小流域暴雨洪水计算[M]. 北京：水利电力出版社，1985.

广东省水文总站. 广东省暴雨径流查算图表使用手册[M]. 广州：广东省水文局，1991.

广东省水文总站. 广东省水文图集[M]. 广州：广东省水文总站，1991.

梁忠民，钟平安，华家鹏. 水文水利计算[M]. 2 版. 北京：中国水利水电出版社，2008.

刘光文. 水文分析与计算[M]. 北京：水利电力出版社，1989.

门宝辉，王俊奇. 工程水文与水利计算[M]. 北京：中国电力出版社，2017.

第5章　水库防洪调度实验

5.1　水库防洪调度计算的目的

洪水灾害主要是指河水泛滥，影响工农业生产，冲毁和淹没耕地；或洪水猛涨，中断交通，危及人民生命安全；或山洪暴发，形成泥石流造成破坏；以及冰凌带来的灾害；等等。我国地处季风活动剧烈地带，洪水灾害十分频繁。常见的工程防洪措施主要有水库蓄洪，修筑堤防、整治河道，建设行洪、蓄洪、滞洪区，水土保持，防汛抢险等。水库之所以能防洪调洪，是因为它设有调节库容。当入库洪水较大时，为使下游地区不遭受洪灾，可临时将部分洪水拦蓄在水库之中，等洪峰过后再将其放出，这就是水库的调洪作用。

当水库下游对水库有防洪要求时，水库除担负本身的防洪任务外，还应考虑下游的防洪任务。如果下游防洪标准和河道允许泄量均已确定，则首先要进行下游防洪标准的设计洪水计算，以满足下游防洪标准要求，通过调节计算，求水库的防洪高水位，然后再对相应于大坝设计标准的设计洪水进行调节计算。在计算过程中，当水库水位达到防洪高水位前，应满足下游防洪要求；在水位超过防洪高水位后，为了大坝本身安全则应全力泄洪。据此，通过方案比较，可选择坝高和泄洪建筑物的规模。如果下游防洪标准和河道允许泄量均未确定，则应配合下游防洪规划，综合比较水库、堤防、分洪、蓄洪、河道整治等各种可能措施及其互相配合的可能性，统一分析防洪和兴利、上游和下游的矛盾，通过综合比较，合理确定下游防洪标准和河道允许泄量，以及水库和泄洪建筑物的规模。

本章的主要目的是运用所学的设计年径流、设计洪水计算、调洪计算等方面的知识，完成某水库防洪标准的复核工作。

5.2 水库防洪调度计算原理

5.2.1 设计洪水和校核洪水的调洪演算

1. 水库调洪计算基本方程

水库调洪是在水量平衡和动力平衡(即圣维南方程组的连续方程和运动方程)的支配下进行的。水量平衡用水库水量平衡方程表示,动力平衡可用水库蓄泄方程(或蓄泄曲线)来表示。调洪计算就是从起调开始,逐时段连续求解这两个方程。

(1)水量平衡方程。由水量平衡原理可知,在某一时段内($\Delta t = t_2 - t_1$),进入水库的水量与水库下泄水量之差,应等于该时段内水库蓄水量的变化值,用数学式表示为:

$$\frac{Q_1 + Q_2}{2}\Delta t - \frac{q_1 + q_2}{2}\Delta t = V_2 - V_1 \text{。} \tag{5.1}$$

式中:Q_1、q_1 分别为时段初入库、出库流量,m^3/s;Q_2、q_2 分别为时段末入库、出库流量,m^3/s;V_1、V_2 分别为时段初、时段末水库蓄水量,m^3。

(2)蓄泄方程。水库通过泄洪建筑物泄洪,下泄流量即出库流量。在泄洪建筑物的型式和尺寸一定的情况下,下泄流量 q 是泄流水头 h 的函数,即 $q = f(h)$。当水库的水面坡降较小时,可视为静水面,此时,泄流水头 h 是水库蓄水量 V 的函数,即 $h = f(V)$。因此,下泄流量 q 也是水库蓄水量 V 的函数,下泄流量 q 和蓄水量 V 的函数方程式就称为蓄泄方程,即

$$q = f(V) \text{。} \tag{5.2}$$

联立式(5.1)和式(5.2),得以下方程组:

$$\left. \begin{array}{l} \dfrac{Q_1 + Q_2}{2}\Delta t - \dfrac{q_1 + q_2}{2}\Delta t = V_2 - V_1 \\[2mm] q = f(V) \end{array} \right\} \text{。} \tag{5.3}$$

水库防洪调节计算时,这个方程组就体现了计算的基本原理。在水库的规划设计阶段,在每个计算时段,水库的入库洪水流量 Q_1、Q_2 在此作为已知条件。当计算时段 Δt 和时段初的下泄流量 q_1、蓄水库容 V_1 也是已知时,就可以利用上述方程组求出时段末的下泄流量 q_2 和蓄水库容 V_2。

在无闸门控制或闸门全开的情况下,表面溢洪道的堰顶溢流公式为:

$$q = nb\varepsilon m\sqrt{2g}\, H_0^{\frac{3}{2}} \text{。} \tag{5.4}$$

式中：q 为通过溢流孔口的下泄流量，m^3/s；n 为溢流孔孔口数；b 为溢流孔单孔净宽，m；ε 为闸墩侧收缩系数，与墩头形式有关；m 为流量系数，与堰顶形式有关；g 为重力加速度，$9.8\ m^2/s$；H_0 为堰顶水头，m，为正常蓄水位减去当前库水位。

由于水库的水位库容关系不能用具体的函数方程式表示，所以蓄泄方程也不能用具体的函数方程式表示，只能用图示或列表的方式表达。这对求解方程组有一定的影响。所以，水库防洪调节计算的实质就是求解由水量平衡方程和蓄泄方程组成的方程组。目前，我国求解该方程组的常用方法有列表试算法、半图解法等。

2. 调洪计算方法

（1）列表试算法。用列表试算来联立求解水量平衡方程和动力方程，以求得水库的下泄流量过程线，其计算步骤如下：

第一，根据库区地形资料，绘制水库水位容积关系曲线 Z-V，并根据既定的泄洪建筑物的型式和尺寸，由相应的水力学出流计算公式求得 q-V 曲线。

第二，从第一时段开始调洪，由起调水位（即汛前水位）查 Z-V 及 q-V 关系曲线，得到水量平衡方程中的 V_1 和 Q_1，由入库洪水过程线 $Q(t)$ 查得 Q_1、Q_2。然后假设一个 q_2 值，根据水量平衡方程算得相应的 V_2 值，由 V_2 在 q-V 上查得 q_2，若二者相等，q_2 即为所求；否则，应重设 q_2，重复上述计算过程，直到二者相等为止。

第三，将上时段末的 q_2、V_2 值作为下一时段的起始条件，重复上述试算过程，最后即可得出水库下泄流量过程线 $q(t)$。

第四，将入库洪水 $Q(t)$ 和计算的 $q(t)$ 两条曲线点绘在一张图上。若计算的最大下泄流量 q_m 正好是两线的交点，说明计算出的 q_m 是正确的；否则，计算的 q_m 有误差，应改变时段 Δt 重新进行试算，直至计算出的 q_m 正好是两线的交点为止。

第五，由 q_m 查 q-V 曲线，得最高洪水位时的总库容 V_m，从中减去堰顶以下的库容，得到防洪库容 $V_防$。由 V_m 查 Z-V 曲线，得最高洪水位 $Z_防$。显然，当入库洪水为设计标准的洪水时，求得的 q_m、$V_防$、$Z_防$ 即分别为设计标准的最大泄流量 $q_{m,设}$、设计防洪库容 $V_设$ 和设计洪水位 $Z_设$。同理，当入库洪水为校核标准的洪水时，求得的 q_m、$V_防$、$Z_防$ 即为 $q_{m,校}$、$V_校$、$Z_校$。

（2）半图解法。列表试算法可以清晰地表达出调洪计算的基本原理，但人工手算计算工作量比较大，半图解法可以减少计算的工作量。半图解法通过图解和列表计算相结合，求解水量平衡和蓄泄方程组成的方程组。半图解法包括双辅助曲线法和单辅助曲线法，常用的是单辅助曲线法。

单辅助曲线法计算的原理是将水量平衡方程改写为：

$$\frac{V_2}{\Delta t}+\frac{q_2}{2}=\frac{1}{2}(Q_1+Q_2)-q_1+\left(\frac{V_1}{\Delta t}+\frac{q_1}{2}\right)。 \tag{5.5}$$

式（5.5）的右端都是已知的，左端未知。根据蓄泄方程式（5.2）知，V 是 q 的函数，计算

时段 Δt 是已选择的常数，所以 $\frac{V}{\Delta t}+\frac{q}{2}$ 也是 q 的函数。由于式(5.5)左右两端都有 $\frac{V}{\Delta t}+\frac{q}{2}$，所以构造一条 q 与 $\frac{V}{\Delta t}+\frac{q}{2}$ 的关系曲线作为辅助曲线，就可以求解未知数 V_2 和 q_2。单辅助曲线法在求解水量平衡方程和蓄泄方程组成的方程组时，根据蓄泄方程关系曲线绘制 q 与 $\frac{V}{\Delta t}+\frac{q}{2}$ 的关系辅助曲线，利用该辅助曲线和水量平衡方程用半图解法求解。

用单辅助曲线法进行调洪计算，通常也是列表逐时段计算。首先根据起调条件确定第一个计算时段初的 V_1 和 q_1。根据 q_1 查 q 与 $\frac{V}{\Delta t}+\frac{q}{2}$ 的关系辅助曲线，得到相应的 $\frac{V_1}{\Delta t}+\frac{q_1}{2}$ 值，将该值代入式(5.5)，计算出该时段末 $\frac{V_2}{\Delta t}+\frac{q_2}{2}$ 的值。然后根据计算的 $\frac{V_2}{\Delta t}+\frac{q_2}{2}$ 值，查单辅助曲线就可以查到对应的 q_2。该时段末的 q_2 即是下一时段初的 q_1，这样就可以逐时段进行调洪计算。

5.2.2 坝顶高程的复核

对于丘陵、平原地区水库，当水库较深，且风速 V 小于 26.5 m/s、吹程 D 小于 7.5 km 时，宜按鹤地水库公式计算。计算公式为：

$$\Delta h = h_b + h_z + h_c。 \tag{5.6}$$

波高

$$h_b = 0.00625 V^{1/6} \left(\frac{gD}{V^2}\right)^{1/3} \left(\frac{V^2}{g}\right), \tag{5.7}$$

波长

$$L_m = 0.0386 V \left(\frac{gD}{V^2}\right)^{1/2} \left(\frac{V^2}{g}\right), \tag{5.8}$$

风壅高度

$$h_z = \frac{\pi h_b^2}{L_m}。 \tag{5.9}$$

式中：V 为多年平均最大风速，m/s；g 为重力加速度，9.8 m²/s；D 为吹程，m。

5.2.3 水库特征曲线

1. 特征曲线的意义

水库在河流上拦河筑坝形成的人工水体，用来进行径流调节。一般情况下，筑坝越高，水库的容积(简称库容)就越大。但在不同的河流上，即使坝高相同，其库容也不尽相同，这主要与库区内的地形有关。如库区内地形开阔，则库容较大；如为峡谷地形，则库容较小。此外，河流的纵坡对库容大小也有影响，坡降小的库容较大；反之，坡降大的库容较小。

水库的形体特征，其定量表示主要是水库水位面积关系和水库水位容积关系。水位越高则水库面积越大，库容也就越大。不同水位有相应的水库面积和库容。因此，在设计时，必须先做出水库水位面积关系曲线和水库水位库容关系曲线，此二者为最主要的水库特性资料。

绘制水库水位面积关系曲线和水库水位库容关系曲线，一般可根据1∶10000～1∶5000 比例尺的地图，用求积仪(或按比例尺数方格)求得不同高程时水库的水面面积(现在常用数字化地图，利用 GIS 相关软件可以方便地确定水库水位面积)。然后以水位为纵坐标，以水库面积为横坐标，画出水位面积关系曲线。再以此为基础，分别计算各相邻高程之间部分的容积，自河底向上累加，得到相应水位以下的库容，画出水位库容关系曲线。

2. 水库面积曲线

由水库库区地形图，可得水库水位 Z 与水库面积 F 之间的关系表，并绘制曲线图。

3. 水库容积曲线

由于该水库库区地形变化不大，故用下式计算，可得水库水位 Z-容积 V 关系表，并绘制水库水位 Z-容积 V 关系曲线：

$$\Delta V = \frac{1}{3}(F_i + \sqrt{F_i F_{i+1}} + F_{i+1})\Delta Z。 \tag{5.10}$$

式中：ΔV 为相邻高程间库容，m^3；F_i、F_{i+1} 分别为相邻两高程的水库水面面积，m^2；ΔZ 为高程间距，m。

5.3　设计实例

5.3.1　设计内容

研究区为第 2 章中案例，基于 4.3.4 中百年一遇设计洪水拟定结果，进行百年一遇设计洪水调洪演算、校核洪水调洪演算和坝顶高程的复核。

5.3.2 设计洪水的调洪演算

1. 列表试算法

(1)根据式(5.5)计算通过溢流孔口的下泄流量,其中 ε 初步计算可假设为 0.9,在本工程中 m 取 0.45。

(2)列表计算 q-z 曲线关系,计算并绘制 q-V 曲线。闸门开启条件下,根据堰顶溢流公式,得到计算结果(表 5.1)。

表 5.1 飞来峡水利枢纽水位-库容曲线

库水位 /m	堰顶水头 /m	溢洪道下泄流量 /m³·s⁻¹	发电站引用流量 /m³·s⁻¹	总泄流量 /m³·s⁻¹	库容 /m³
17	8	5364.42	679	6043.42	7820
18	9	6401.05	679	7080.05	10750
19	10	7497	679	8176	14653
20	11	9514.13	679	10193.13	19370
21	12	11826.07	679	12505.07	23747
22	13	13334.72	679	14013.72	29211
23	14	14902.56	679	15581.56	35251
24	15	16527.44	679	17206.44	42252
25	16	19724.72	679	20403.72	49607
26	17	21602.51	679	22281.51	59327
27	18	23536.38	679	24215.38	69358
28	19	27488.18	679	28167.18	81508
29	20	31807.08	679	32486.08	102919
30	21	34222.18	679	34901.18	119375
31	22	38854.06	679	39533.06	137867
32	23	41533.08	679	42212.08	159085
33	24	44270.99	679	44949.99	182401
34	25	47066.55	679	47745.55	212018
35	26	49918.6	679	50597.6	238034

（3）调洪计算，求 $q\text{-}t$ 过程和 $Z\text{-}t$ 过程，其中水库的防洪限制水位为 18 m，$P=$ 0.2%。由计算结果绘制 $Q\text{-}t$、$q\text{-}t$ 以及 $Z\text{-}t$ 曲线，从而获得设计洪水最大下泄流量 q_m 及水库最高水位 Z_m。

2. 半图解法

（1）计算并绘制单辅助线。计算中 V 取溢洪道堰顶以上库容，计算时段取 $\Delta t = 1$ h。

（2）调洪计算，求 $q\text{-}t$ 过程和 $Z\text{-}t$ 过程。根据表 5.1 中第（5）（7）两栏相应的数据绘制成单辅助曲线图。

（3）根据表 5.2 得设计洪水最大下泄流量为 q_m，水库最高水位为 Z_m。

表 5.2　$q = f(V/\Delta t + q/2)$ 辅助曲线计算（$P=0.2\%$）

水库水位 /m	总库容 /万 m³	堰顶以上库容 /万 m³	$V/\Delta t$ /m³·s⁻¹	q /m³·s⁻¹	$q/2$ /m³·s⁻¹	$(V/\Delta t)+q/2$ /m³·s⁻¹
(1)	(2)	(3)	(4)	(5)	(6)	(7)
17	7820	0	0	6043.42	3021.71	3021.71
18	10750	0	0	7080.05	3540.03	3540.03
19	14653	3903	10841.67	8176	4088	14929.67
20	19370	8620	23944.44	10193.13	5096.57	29041.01
21	23747	12997	36102.78	12505.07	6252.54	42355.32
22	29211	18461	51280.56	14013.72	7006.86	58287.41
23	35251	24501	68058.33	15581.56	7790.78	75849.11
24	42252	31502	87505.56	17206.44	8603.22	96108.78
25	49607	38857	107936.11	20403.72	10201.86	118137.97
26	59327	48577	134936.11	22281.51	11140.76	146076.87
27	69358	58608	162800	24215.38	12107.69	174907.69
28	81508	70758	196550	28167.18	14083.59	210633.59
29	102919	92169	256025	32486.08	16243.04	272268.04
30	119375	108625	301736.11	34901.18	17450.59	319186.7
31	137867	127117	353102.78	39533.06	19766.53	372869.31
32	159085	148335	412041.67	42212.08	21106.04	433147.71
33	182401	171651	476809.26	44949.99	22474.99	499284.25

（续上表）

水库水位 /m	总库容 /万 m³	堰顶以上库容 /万 m³	$V/\Delta t$ /m³·s⁻¹	q /m³·s⁻¹	$q/2$ /m³·s⁻¹	$(V/\Delta t)+q/2$ /m³·s⁻¹
34	212018	201268	559076.85	47745.55	23872.78	582949.63
35	238034	227284	631344.44	50597.6	25298.8	656643.24

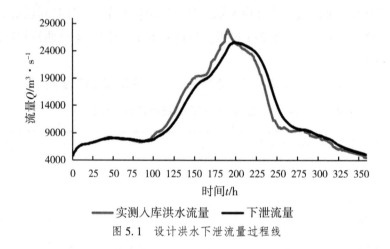

图 5.1　设计洪水下泄流量过程线

5.3.3　校核洪水的调洪演算

1. 列表试算法

（1）q-V、V-Z 和 q-Z 曲线与设计洪水中的相同。

（2）调洪计算，求 q-t 过程和 Z-t 过程。起调水位为 18 m，填入相应库容。用试算法对每一时段的 q_2、V_2 进行调洪计算，计算时段为 1 h。详细过程与 $P=0.2\%$ 过程类似。由于 Q-t、q-t 曲线相交点可能不是最大值，对洪峰附近处加密。绘制 Q-t、q-t 和 Z-t 曲线。由表查得设计洪水最大下泄流量为 q_m，水库最高水位为 Z_m。

2. 半图解法

（1）由前述列表试算法得到的 q-V 曲线计算并绘制 $(f=V/\Delta t+q/2)$-Z 辅助曲线。

（2）调洪计算，求 q-t 过程和 Z-t 过程，并绘制 Q-t、q-t 和 Z-t 曲线。由计算结果表查得设计洪水最大下泄流量为 q_m，水库最高水位为 Z_m。

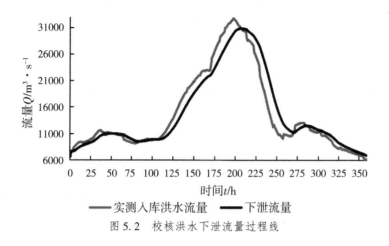
图 5.2　校核洪水下泄流量过程线

5.3.4　调洪演算结果及分析

1. 调洪计算结果

通过对飞来峡水利枢纽利用列表试算法和半图解法进行调洪演算，得出飞来峡水利枢纽调洪计算结果(表 5.3)。

表 5.3　飞来峡水利枢纽调洪计算成果

方　　法	项　　目	设计洪水(0.2%)	校核洪水(0.02%)
列表试算法	最大泄水量/m³	25418.97	30622.76
	水库最高水位/m	26.91	28.74
半图解法	最大泄水量/m³	25586.83	30892.82
	水库最高水位/m	27.22	28.98
误差	排泄量误差	0.66%	0.88%
	高水位误差	1.15%	0.83%

2. 成果分析及结论

(1)设计洪水和校核洪水均用两种方法进行调洪计算。从成果表的结果对比可以看出两种计算方法所得结果的误差情况。根据实际情况，选择合适的最大泄水量和最高水位。

(2)遇设计洪水时，选择调洪后水库最大泄量和水库最高水位。

(3)遇校核洪水时，选择调洪后水库最大泄量和水库最高水位。

5.3.5 坝顶高程的复核

参照式(5.6)至式(5.9)进行相关计算。其中，V 为多年平均最大风速，本设计中为 15 m/s，设计工况采用 1.5 倍的多年平均最大风速，校核工况采用多年平均最大风速；D 为吹程，本设计中为 3 km。

表 5.4 飞来峡坝顶高程复核结果

结果	h_b/m	L_m/m	h_z/m	水位/m	$\Delta h/m$	安全超高/m	坝顶高程/m
设计	2.10076	341.90	0.04053	27.22	2.14	0.7	30.0613
校核	1.14351	151.96	0.02702	28.98	1.17	0.5	30.6505

参考文献

何俊仕，林洪孝. 水资源规划及利用[M]. 北京：中国水利水电出版社，2006.

梁忠民，钟平安，华家鹏. 水文水利计算[M]. 2 版. 北京：中国水利水电出版社，2008.

门宝辉，王俊奇. 工程水文与水利计算[M]. 北京：中国电力出版社，2017.

中华人民共和国水利部. 水工建筑物荷载设计规范(SL 744—2016)[M]. 北京：中国水利水电出版社，2016.

中华人民共和国水利部. 水利水电工程等级划分及洪水标准(SL 252—2000)[M]. 北京：中国水利水电出版社，2000.

第6章 水库兴利调度实验

6.1 水库兴利调度计算的目的

我国地处亚洲东部，太平洋西岸，季风气候显著，受东南、西南季风的影响，降雨时空分布极不均匀。汛期4个月集中全年雨量的60%～80%，长江以南地区汛期4个月降雨量占全年的50%～60%；华北、东北、西南地区，多雨期4个月雨量可占全年的70%～80%。河川径流在时间上分配不均匀，往往难以满足用水部门的需要，使总水量不能充分利用。由不同用水部门需水特性可知，大多数用水部门(如灌溉、发电、航运等)都有特定的过程要求，而天然径流过程往往与需水过程不能吻合。例如，我国很多流域在水稻插秧期需水较多，而这时河川径流量却往往很少；冬季发电需水量较多，而一般河流都处于枯水期。为充分利用河川径流，就需要兴建水利工程，人为地将天然径流在时间上重新进行分配，以满足各用水部门对水量的需要。从防灾的角度考虑，由于河川径流年内大部分水量往往集中于汛期几个月，而河槽宣泄能力有限，常造成洪水泛滥，为了减轻洪涝灾害，也需要对河川径流进行控制和调节。除在时间上进行径流调节外，还需要通过跨流域调水工程在地区上进行径流调节，如引江济黄、引松济辽、引滦入津和南水北调工程等。

狭义的径流调节是指通过建造水利工程(闸坝和水库等)，控制和重新分配河川径流，人为地增减某一时期或某一地区的水量，以适应各用水部门的需要。更简洁地说，就是通过兴建蓄水和调节工程，调节和改变径流的天然状态，以解决供需矛盾，达到兴利除害的目的。

本章的主要目的是运用所学的设计年径流、需水量调查和预测、水库特征水位的选择、兴利调度计算等方面的知识，进行以水库为中心的狭义的径流调节计算，完成水库的水利水电规划工作。

6.2 水库兴利调度计算原理

6.2.1 设计年径流量的推求

在一个年度内，通过河流出口断面的水量，称为该断面以上流域的年径流量。它可用年平均流量、年径流深、年径流总量或年径流模数表示。对许多站年径流量过程线图的观察和分析，可以看出年径流变化的一些特性：

（1）年径流具有大致以年为周期的汛期与枯季交替变化的规律，但各年汛、枯季的历时有长有短，发生时间有早有迟，水量也有大有小，基本上年年不同，从不重复，具有偶然性质。

（2）年径流在年际间变化很大，有些河流丰水年径流量可达平水年的 2～3 倍，枯水年径流量只有平水年的 0.1～0.2 倍。

（3）年径流在多年变化中有丰水年组和枯水年组交替出现的现象。

6.2.2 死水位的选择

1. 死水位和死库容

正常运用情况下，水库允许消落的最低水位称为死水位，死水位以下的库容称为死库容或垫底库容。死库容在一般情况下不能动用，除非在特殊干旱年份情况下，为了满足重要的供水或发电需要，经过慎重研究后，才允许临时动用死库容内的部分存水。

确定死水位所应考虑的主要因素包括：①保证水库在使用年限内有足够的供泥沙淤积的库容；②保证水电站所需要的最低水头和自流灌溉必要的引水高程；③满足库区航深和渔业的要求；④满足旅游、水质方面的要求。

2. 死水位的计算和确定

在正常蓄水位一定的情况下，死水位决定着水库的工作深度和兴利库容，影响到水电站的利用水量和工作水头。死水位越低，兴利库容越大，水电站利用的水量越多；但水电站的平均水头却随着死水位的降低而减小。所以，对发电来说，考虑到水头因素的影响，并不总是死水位越低、兴利库容越大，对动能越有利，而应该通过分析进行选择。

（1）水库消落深度与电能的关系。以年调节水电站为例，来说明水库消落深度与电能的关系。将水电站供水期电能 $E_{供}$ 划分为两部分：一部分为水库的蓄水电能（即水库电能）$E_{库}$；另一部分为天然来水所产生的不蓄电能 $E_{不蓄}$，即

$$E_{供} = E_{库} + E_{不蓄}。 \tag{6.1}$$

其中，

$$E_{库} = 0.00272\eta V_{兴}\overline{H}_{供},$$

$$E_{不蓄} = 0.00272\eta W_{供}\overline{H}_{供}。$$

式中：$E_{库}$ 为蓄水电能，$kW \cdot h$；$E_{不蓄}$ 为不蓄电能，$kW \cdot h$；$V_{兴}$ 为兴利库容，m^3；$W_{供}$ 为供水期天然来水量，m^3；$\overline{H}_{供}$ 为供水期水电站平均水头，m。

对水库蓄水电能 $E_{库}$ 而言，在正常蓄水位已定的情况下，死水位越低，$V_{兴}$ 越大，虽然供水期平均水头 $\overline{H}_{供}$ 小一些，但其乘积还是增大了，只是所增加的速度随着消落深度加大而逐渐减小。水库消落深度与 $E_{库}$ 的关系如图 6.1(b) 中①线所示。

对天然来水产生的不蓄电能而言，情况恰好相反。由于设计枯水年供水期的天然来水 $W_{供}$ 是定值，消落深度越大，$\overline{H}_{供}$ 越小，$E_{不蓄}$ 也越小。水库消落深度与 $E_{不蓄}$ 的关系如图 6.1(b) 中②线所示。

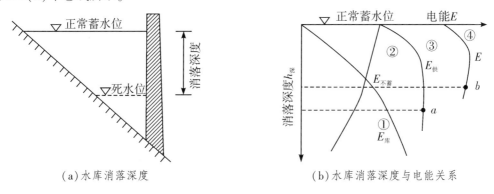

（a）水库消落深度　　　　　　　（b）水库消落深度与电能关系

图 6.1　死水位选择示意

（2）死水位选择方法。

A. 根据保证电能或多年平均年发电量选择死水位。图 6.1(b) 中③线和④线分别为供水期电能 $E_{供}$ 和多年平均年电能 E 与消落深度 $h_{深}$ 的关系。该水电站如考虑以供水期保证电能为主，可由 a 点确定死水位；如考虑以多年平均年发电量为主，可由 b 点确定死水位；如需同时兼顾两者，则可在 a、b 之间选择。一般情况下，多年平均的年不蓄电能大于多年平均的供水期不蓄电能，为了减少不蓄电能损失，b 点总是高于 a 点。

由于上述计算中，水头是采用平均水头，没有考虑最小水头的限制；效率系数 η 采用近似值，并没有考虑机组效率对消落深度的影响。图 6.2 为水轮机机组综合特性曲线，由图中可见，水头不同，水轮机的效率不同。发电机容量限制线为某水头下的最大可能出力，又称水头预想出力。水头预想出力线存在拐点，在设计水头以下，水头预想出力随水头减小而减小很快。图 6.2 中最大水头 H_{max} 相当于正常蓄水位的水头，最小水

头 $H_{\min}$ 相当于死水位的水头。由图 6.2 中可以看出，如果死水位过低，水头预想出力将明显减小(容量受阻)，水电站在低效率区工作时间增多而不能充分发挥河川径流的电能效益。为此，根据经验对不同水电站可拟定如下水库极限工作深度 $h''_{消}$，以保证水电站能在较优的状态下工作：

年调节水电站：$\qquad h''_{消}=(25\%\sim30\%)H_{\max}$；

多年调节水电站：$\qquad h''_{消}=(30\%\sim40\%)H_{\max}$；

混合式水电站：$\qquad h''_{消}=40\%H_{\max}$。

以上数值一方面可供初步选择水电站消落深度时采用；另一方面也可作为一般选择消落深度范围的限制，即如果图 6.1 中③线或④线不存在极值点，或极值点太低时，应考虑用 $h''_{消}$ 作为控制。

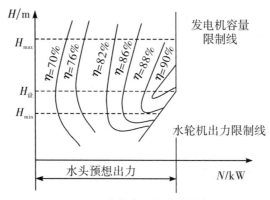

图 6.2　水轮机机组综合特性曲线

B. 通过经济比较选择死水位。前面已经说明，大坝和溢洪道等主要水工建筑物的工程量及投资主要取决于正常蓄水位，在正常蓄水位已定的情况下，不会因死水位不同而改变。但是，死水位不同，会引起水工建筑物的闸门和启闭设备、引水隧洞、水电站的土建和设备投资的变化，库区航深和码头也会有所不同，使替代措施的投资会有变化。例如水电站规模小了，需用增加火电厂规模来弥补，减少的部分自流灌溉要用抽水灌溉来替代等。这样，可像选择正常蓄水位一样，先建立几个死水位方案，然后计算各方案的动能经济指标，再从中选择最有利的方案。其计算方法和步骤大致如下：①根据水电站设计保证率，选择设计枯水年或枯水段；②在选定的正常蓄水位下，根据各水利部门的要求，假设几个死水位方案，求相应兴利库容和水库消落深度；③对设计代表年(或代表段)进行径流调节计算，求各方案保证电能、必需容量和多年平均发电量；④计算各方案的水工和机电投资，并求各方案的差值和经济指标；⑤通过经济比较和综合分析选择最有利的死水位。

6.2.3　正常蓄水位的选择

1. 正常蓄水位和兴利库容

在正常条件下，为了满足兴利部门枯水期的正常用水，水库在供水期开始应蓄到的水位为正常蓄水位。正常蓄水位又称正常高水位或设计蓄水位，它是供水期可长期维持的最高水位。正常蓄水位到死水位之间的库容，是水库实际可用于调节径流的库容，称为兴利库容，又称为调节库容或有效库容。

正常蓄水位是设计水库时需确定的重要参数，它直接关系到主要水工建筑物的尺寸、投资、淹没、人口迁移及政治、社会、环境影响等许多方面，因此，需经过充分的技术经济论证，全面考虑，综合分析确定。

2. 正常蓄水位的计算和确定

正常蓄水位是水电站非常重要的参数，它决定了水电站的工程规模。具体地说，一方面，它决定了水库的大小和调节性能，水电站的水头、出力和发电量，以及其他综合利用效益；另一方面，它也决定了水工建筑物及有关设备的投资、水库淹没带来的损失。因此，需通过技术经济比较和综合分析论证，慎重决定。

（1）正常蓄水位与经济指标的关系。随着正常蓄水位的增高，一方面，水电站的保证出力、装机容量和多年平均年发电量等指标也随之增加。正常蓄水位较低时，这些效益指标增加较快；随着正常蓄水位上升，这些指标增加速度越来越慢。另一方面，水利枢纽的投资和运行费以及淹没损失不断增加。正常蓄水位较低时，这些费用指标增加较慢；随着正常蓄水位上升，这些指标增加速度越来越快。

随着正常蓄水位增高，其效益指标增加速度是递减的，费用指标增加速度是递增的。因此，正常蓄水位太高或太低都不够经济，必须通过方案比较，从中选出经济合理的方案。

（2）正常蓄水位影响因素。正常蓄水位比较方案应在正常蓄水位的上、下限值范围内选定。

正常蓄水位的下限值主要根据发电、灌溉、航运、供水等各用水部门的最低要求确定。例如，以发电为主的水库，必须满足系统对水电站的保证出力要求；以灌溉为主的水库，必须满足灌溉需水量；等等。

正常蓄水位的上限值主要考虑以下因素：

一是坝址及库区的地形地质条件。坝址处河谷宽窄将影响主坝的长度，当坝高到达一定高程后，由于河谷变宽或库区周边出现许多垭口，使主坝加长，副坝增多，工程量过大而显然不经济。坝址区内如地质条件不良，而不宜修筑高坝，以及水库某一高程有断层、裂隙，会出现大量漏水，都会限制正常蓄水位的抬高。

二是库区的淹没和浸没情况。由于水库区大片土地、重要城镇、矿藏、工矿企业、交通干线、名胜古迹等淹没，大量人口迁移，造成淹没损失过大，或安置移民有困难，往往也会限制正常蓄水位的提高。此外，如果造成大面积内水排泄困难，或使地下水抬高引起严重浸没和盐碱化，也必须认真考虑。

三是河流梯级开发方案。上下游衔接的梯级，上游水库往往对下游水库的正常蓄水位有所限制。

四是径流利用程度和水量损失情况。当正常蓄水位到达某一高程后，调节库容较大，弃水量很少，径流利用率已较高，如再增高蓄水位，可能使水库蒸发损失和渗漏损失增加较多，亦应进行技术比较。

五是其他条件。如资金、劳动力、建筑材料和设备的供应，施工期限和施工条件等因素，都可能限制正常蓄水位增高。

正常蓄水位上、下限值选定后，就可在其范围内选择若干个方案(一般选3~5个)进行比较，通常在地形、地质、淹没情况发生显著变化的高程处选择方案。如在上、下限范围内无特殊变化，则各方案可等水位间距选取。

(3)选择正常蓄水位的方法与步骤。在拟定正常蓄水位比较方案后，应对每个方案进行下列各项计算工作：

第一，拟定水库消落深度。在正常蓄水位比较阶段，一般采用较简化的方法拟定各方案的水库消落深度。对于以发电为主要任务的水库，可以根据水电站最大水头 H_{max} 的某一百分数初步拟定消落深度 $h_消$。例如，坝式年调节水电站，水库消落深度 $h_消$ 可取 $(25\% \sim 30\%)H_{max}$。

第二，对各方案可采用较简化的方法进行径流调节和水能计算，求出各方案水电站的保证出力、装机容量及多年平均年发电量。

第三，计算各方案的水利枢纽各项工程量、各种建筑材料的消耗量及机电设备投资。

第四，计算各方案的淹没和浸没的实物指标及其补偿费用。先根据回水计算资料确定淹没和浸没的范围，然后计算淹没耕地面积、房屋间数和迁移的人口数、铁路公路里程等指标，再根据拟定的移民安置方案，求出实际所需的移民补偿费用、工矿企业的迁移费和防护费，以及防止浸没和盐碱化措施的费用等。

第五，水利动能经济计算。根据水电站各项效益指标及其应负担的投资数，计算水电站的年运行费及各种单位经济指标，如总投资、年运行费、单位千瓦投资、单位电量投资、单位电量成本以及替代火电站有关经济指标等。

　　第六，经济比较。根据规范要求，选定适当的经济比较方法，进行各正常蓄水位方案经济比较，并结合其他非经济因素综合分析，从中选出最有利的方案。

　　如果水库除发电外，尚有灌溉、航运、给水等其他综合利用任务，则在选择正常蓄水位时，应同时考虑其他部门效益和投资的变化，并注意对各有关部门合理进行投资，效益分摊。

6.2.4　兴利调度计算

　　水库兴利调度计算是指利用水库的调蓄作用，将河川径流洪水期(或丰水年)的多余水量蓄存起来，以提高枯水期(或枯水年)的供水量，满足各兴利部门的用水要求所进行的计算，也就是水库蓄水量变化过程的计算。

　　水库从库空开始，当来水大于用水时水库蓄水，经过一段时间后蓄满；以后当来水小于用水时，水库开始放水，经过一段时间后放空。水库从放空—蓄满—放空的循环时间称为调节周期。

　　径流调节计算的基本原理是水库的水量平衡。将整个调节周期划分为若干个计算期(一般取月或旬)，然后按时历顺序进行逐时段的水库水量平衡计算。某一计算时段 Δt 内水库水量平衡方程式可由式(6.2)表示，即

$$\Delta W_1 - \Delta W_2 = \Delta V_。 \tag{6.2}$$

式中：ΔW_1 为时段 Δt 内的入库水量，m^3；ΔW_2 为时段 Δt 内的出库水量，m^3；ΔV 为时段 Δt 内水库蓄水容积的增减值，m^3。

　　当用时段平均流量表示时，则式(6.2)可改写为：

$$Q_1 - Q_p = \Delta V/\Delta t = Q_v \quad 或 \quad \Delta V = (Q_1 - Q_p)\Delta t_。 \tag{6.3}$$

式中：Q_1 为天然入库流量，m^3/s；Q_p 为调节流量，即用水流量，m^3/s；Q_v 为取用或存入水库的平均流量，简称水库流量，m^3/s。

　　上述水库水量平衡公式属最简单的情况。当考虑水库的水量损失，出库水量为几个部门所分用以及当水库已蓄满将产生弃水时，则可进一步表达为：

$$Q_1 - \sum Q_L - (Q_{p1} + Q_{p2} + \cdots) - Q_S = \Delta V/\Delta t_。 \tag{6.4}$$

式中：$\sum Q_L$ 为水库水量损失，包括蒸发和渗漏等损失；Q_{p1}，Q_{p2}，$\cdots$ 为各部门分用的调节流量；Q_S 为水库弃水流量，即通过泄水建筑物弃泄的流量；ΔV 为两个时段之间水库蓄水量的变化；Δt 为时段长度。

6.3 设计实例

6.3.1 研究区概况

1. 自然地理特征

显岗水库工程位于广东省博罗县湖镇镇沙河流域上游，地理位置为东经 114°07′，北纬 23°15′。沙河位于东江下游，是东江一级支流，发源于博罗县横河独山，主要由横河、澜石水、响水河、里波水等九条小河流汇合而成，流域总集雨面积为 1250 km²，干流河长 88 km，是博罗县境内两大河流之一。库区以上区域大部分属高丘陵，局部为低山和低丘。土壤以壤土为主，少量为中黏壤土，透水性中上，植被中等，属针叶林为主的灌木草坡。

主坝坝址下游约 1 km 为横河与响水河汇合口，汇合口下游约 5 km 为鸡心岭水闸，鸡心岭水闸以上集雨面积为 558 km²。鸡心岭水闸下游约 15 km 为白塘角活动陂，白塘角活动陂以上集雨面积为 762.4 km²。鸡心岭水闸以下的堤围区是博罗县产粮区，地势较为低洼。鸡心岭下游沙河两岸除建有东江堤外，还建有龙溪南堤、北堤、长宁水边堤、园洲沙河堤、九潭东博堤和石湾增博堤等 6 条堤围，共长 83.44 km。

显岗水库是综合利用开发沙河水利资源的骨干工程之一，是一座防洪与灌溉并重，结合发电、供水、养殖等综合利用大（二）型水利工程，担负着下游约 2 km 处的 205 国道、约 8 km 处的 324 国道、约 40 km 处的广九铁路石龙段和下游灌区 20.6 万亩农田及七镇 20 多万人口生命财产的防洪安全保障任务。

2. 河流水系

沙河位于东江下游，是东江一级支流，发源于博罗县横河独山，主要由横河、澜石水、响水河、里波水等九条小河流汇合而成，流域总集雨面积为 1250 km²，干流河长 88 km，是博罗县境内两大河流之一。显岗水库在横河下游段，横河流经何家田、黄竹坳、横河镇至显岗圩，在显岗水库下游约 1 km 处与响水河汇合后称沙河。沙河流经鸡心岭水闸、龙华至白塘角分流：主流向西流经九潭、园洲，至石湾流入东江；支流向南经白塘角注入银江涌，由马嘶水闸汇入东江。

显岗水库有 10 座均质土坝，其中主坝 1 座、副坝 9 座。主坝位于博罗县湖镇镇林屋村，距县城 25 km，主坝左右岸各建有坝后式电站一座。水库坝址以上集雨面积为

295 km²，占全流域集雨面积的 23.6%，干流河长为 39.56 km，干流坡降为 2.7‰。天然情况下坝址断面多年平均流量为 10.5 m³/s，多年平均径流总量为 3.32 亿 m³。

3. 气象特征

沙河流域地处亚热带季风气候区，在大陆和海洋的双重影响下，一年四季阳光充足、雨量充沛、气候温和、空气湿润。

博罗县处于低纬度，水资源丰富，气候特点为秋夏雨多、冬春雨少。根据博罗县气象站 1960—2000 年气象资料统计，得出该站各种气象特征值成果(表 6.1 至表 6.5)。

表 6.1　博罗县气象站多年逐月平均降雨量（P）

统计单位：mm、%

| 气象要素 | 月　份 | | | | | | | | | | | | 全年 |
	1	2	3	4	5	6	7	8	9	10	11	12	
P	35.7	64.8	92.1	208.9	282.6	334.5	262.7	261.9	167.4	61.5	31.7	23.2	1827
占比	1.95	3.55	5.04	11.43	15.47	18.31	14.38	14.33	9.16	3.37	1.74	1.27	100

表 6.2　博罗县气象站多年逐月气温特征值

单位：℃

| 气象要素 | 月　份 | | | | | | | | | | | | 全年 |
	1	2	3	4	5	6	7	8	9	10	11	12	
多年平均气温	13.6	14.7	18.2	22.3	25.5	27.3	28.5	28.2	26.9	24	19.4	15.1	22.0
历年绝对最高气温	29.0	29.6	32.4	33.3	36.3	36.4	38.4	37.7	37.9	35.4	33.7	30.2	38.4
历年绝对最低气温	-2.4	-1.2	2.1	8.4	14.8	18.4	21.0	20.3	15.2	6.0	1.4	-1.3	-2.4

表 6.3　博罗县气象站多年各月相对湿度特征值

单位：%

| 气象要素 | 月　份 | | | | | | | | | | | | 全年 |
	1	2	3	4	5	6	7	8	9	10	11	12	
多年平均相对湿度	75	79	81	82	84	85	82	83	81	77	75	75	80

表6.4　博罗县气象站历年各月蒸发量（*ET*）特性

单位：mm

气象要素	月　份												全年
	1	2	3	4	5	6	7	8	9	10	11	12	
ET	100.4	88.6	107.7	126.4	156.9	166.8	207.9	193.6	177.7	171.5	134.4	109.6	1741.5

注：蒸发皿直径为 20 cm。

表6.5　博罗县气象站各月风速风向特性

单位：m/s

气象要素	月　份												全年
	1	2	3	4	5	6	7	8	9	10	11	12	
历年最大风速	10.0	11.0	12.0	12.0	12.0	14.0	16.0	15.7	16.3	11.3	11.0	15.0	16.3
历年平均风速	1.1	1.2	1.4	1.4	1.4	1.5	1.7	1.3	1.3	1.1	1.1	0.9	1.3
历年最多风向	E/7	E/10	E/13	E/17	E/15	E/14	E/12	E/12	E/10	N/8	N/8	N/7	E/10

4. 水文特征

（1）水位。显岗水库处无实测水位、流量资料，本次设计只根据 2004 年 5 月实测的溢洪道出口下游约 50 m、左岸电站厂房下游、右岸电站厂房下游等处的纵、横断面，采用曼宁公式计算，求出各设计断面的水位流量关系曲线，并用现场调查资料进行复核。

（2）径流。该流域夏秋雨多、冬春雨少，径流主要由降雨形成，径流年内分配基本上与降雨相应，约 83% 的雨量集中在汛期 4—9 月。流域无实测径流资料，用《广东省水文图集》中的相关等值线图和显岗雨量站实测降雨量计算径流，计算出天然情况下显岗坝址断面多年平均流量为 10.5 m^3/s，多年平均径流总量为 3.32 亿 m^3。显岗水库设计年平均流量成果如表 6.6、表 6.7 所示。

表6.6　显岗水库设计年平均流量成果

单位：m^3/s

项　目	设计频率				
	10%	25%	50%	75%	90%
设计年平均流量	15.6	12.9	10.1	7.79	6.10

表 6.7 显岗水库多年平均年径流量计算成果对比

项　目	由年径流深计算	由多年平均降雨量计算
年降雨量/mm	—	1844.2(由显岗站实测值计算)
径流系数	—	0.61
年径流深/mm	1150(查等值线)	1125
多年平均径流量/万 m³	33925.0	33187.5
多年平均流量/m³·s⁻¹	10.8	10.5

(3)洪水。该流域无实测洪水资料，根据暴雨资料，用综合单位线法和推理公式法计算后比较分析，最后采用综合单位线法的计算结果。显岗水库和鸡心岭—显岗水库区间设计洪水计算成果如表 6.8 所示。

表 6.8 显岗水库设计洪峰、洪量成果

频率	洪峰/m³·s⁻¹	72 h 洪量/万 m³
0.05%	3130	20403
0.1%	2870	18500
0.2%	2620	16534
0.5%	2280	13998
1%	2030	12182
2%	1780	10438
3.33%	1590	9128
5%	1450	8081
10%	1190	6386
20%	938	4740
50%	592	2657

6.3.2 设计内容

主要设计内容包括：①设计年径流推求；②需水量调查和预测；③选择水库死水位；④选择正常蓄水位；⑤兴利调度计算。

6.3.3 推求设计年径流量

1. 年径流系数

根据《广东省水文图集》中的年降水量、年径流深等值线查出显岗流域重心的年降水量和年径流深，计算出年径流系数。径流系数为任意时段内径流深度 R 与同时段内降水深度 P 之比，用符号 a 表示，即

$$a=R/P。 \tag{6.5}$$

式中：a 为径流系数；R 为径流深度，mm；P 为降水深度，mm。

2. 多年平均径流量

采用以下两种方法进行计算：

方法一：根据《广东省水文图集》上查得的年径流深，用该值和流域面积计算出多年平均年径流量。

方法二：根据显岗雨量站 1960—2003 年逐月降雨量，计算出显岗多年平均降雨量为 1844.2 mm，用该值、径流系数、流域面积计算出多年平均年径流量。

经上述两种方法计算可得多年平均年径流量计算成果比较表，对比后选择设计值。

3. 设计年径流量

由于流域缺乏实测径流资料，参考博罗县相关降雨径流资料，将径流总量划分为地下径流量和地面径流量，地下径流量为径流总量的 10%，地面径流为径流总量的 90%，按这个比例分配径流总量，设计成果如表 6.9 所示。

表 6.9　显岗水库设计年径流量成果对比

项　目	设计频率				
	10%	25%	50%	75%	90%
C_v			0.36(查等值线)		
C_s/C_v			2		
K_p	1.48	1.23	0.96	0.74	0.58
多年平均年径流深/mm			1125		
多年平均径流量/万 m³			33187.5		

（续上表）

项　目	设计频率				
	10%	25%	50%	75%	90%
设计年径流量/万 m³	49117.5	40820.6	31860	24558.8	19248.8
地面径流量/万 m³	44205.7	36738.5	28674	22102.9	17323.9
地下径流量/万 m³	4911.8	4082.1	3186	2455.9	1924.9
设计年平均流量/ m³·s⁻¹	15.6	12.9	10.1	7.79	6.10

4. 设计年径流年内分配

流域径流主要由降雨形成，径流年内分配基本上与降雨相应。显岗水库无实测径流资料，设计年径流年内分配采用典型年降雨的年内分配过程，参照雨量分配比例分配设计年径流。

显岗水库 $P=90\%$ 典型年雨量年内分配和设计年径流年内分配分别如表 6.10、表 6.11 所示。

表 6.10　典型年（1998.4—1999.3）雨量年内分配计算

单位：mm、%

月份	4	5	6	7	8	9	10	11	12	1	2	3	全年
雨量	198.4	307.6	499.8	143.1	106.7	137.1	11.0	14.3	9.9	17.3	0.0	66.8	1512.0
占比	13.12	20.34	33.06	9.46	7.06	9.07	0.73	0.95	0.65	1.14	0.00	4.42	100

表 6.11　显岗水库设计年径流年内分配成果

单位：万 m³

月份	4	5	6	7	8	9	10	11	12	1	2	3	全年
年径流	2525	3915	6364	1821	1359	1746	141	183	125	219	0	851	19249

6.3.4　推求水库特征曲线

由显岗水库库区地形图，可得水库水位 Z 与水库面积 F 之间的关系表，并绘制曲线图（表 6.12、图 6.3）。由于该水库库区地形变化不大，故用式（5.10）计算可得水库水位 Z-容积 V 关系表，并绘制水库水位 Z-容积 V 关系曲线（表 6.13、图 6.4）。

表6.12　水库水位 Z 与水库面积 F 的关系

水位/m	0	1	2	3	4	5	6	7	8	9	10	11	12	13	14
面积/万 m²	0	17	27	35	46	57	73	87	99	123	140	177	199	223	245
水位/m	15	16	17	18	19	20	21	22	23	24	25	26	27	28	
面积/万 m²	275	331	352	370	377	386	395	403	418	429	437	448	456	465	

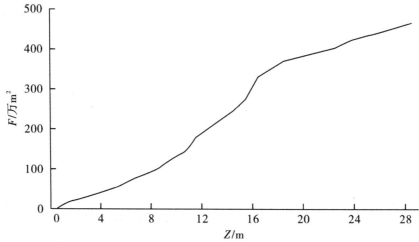

图6.3　水库水位 Z 与水库面积 F 的关系

表6.13　水库水位 Z 与水库面积 F 的关系

水位 Z/m	面积/万 m²	水位差 ΔZ/m	容积 ΔV/万 m³	累计库容 V/万 m³
0	0	1	5.7	0.0
1	17	1	21.8	5.7
2	27	1	30.9	27.5
3	35	1	40.4	58.4
4	46	1	51.4	98.8
5	57	1	64.8	150.2
6	73	1	79.9	215.0
7	87	1	92.9	294.9
8	99	1	110.8	387.8
9	123	1	131.4	498.6
10	140	1	158.1	630.0

（续上表）

水位 Z/m	面积/万 m²	水位差 ΔZ/m	容积 ΔV/万 m³	累计库容 V/万 m³
11	177	1	187.9	788.2
12	199	1	210.9	976.1
13	223	1	233.9	1186.9
14	245	1	259.9	1420.9
15	275	1	302.6	1680.7
16	331	1	341.4	1983.3
17	352	1	361.0	2324.7
18	370	1	373.5	2685.7
19	377	1	381.5	3059.2
20	386	1	390.5	3440.7
21	395	1	399.0	3831.2
22	403	1	410.5	4230.2
23	418	1	423.5	4640.6
24	429	1	433.0	5064.1
25	437	1	442.5	5497.1
26	448	1	452.0	5939.6
27	456	1	460.5	6391.6
28	465			6852.1

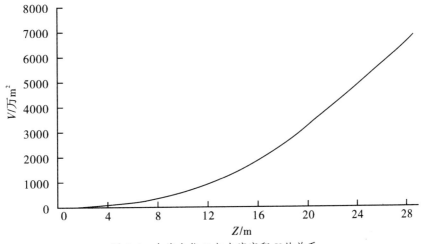

图 6.4　水库水位 Z 与水库容积 V 的关系

6.3.5 确定死水位和死库容

1. 淤积库容

确定设计使用年限，查询地区多年平均年侵蚀模数，由于该水库缺乏排沙设备，此设计中取 $m=1$；参考《广东省各地市土壤侵蚀量与平均侵蚀模数》，查得惠州平均侵蚀模数 $M_{蚀}$ 为 429.55 $t/(km^2 \cdot a)$；坝址以上流域面积 $F=295\ km^2$；设计使用年限 $T=100a$。

由于该水库缺乏实测泥沙资料，根据查得的年侵蚀模数 $M_{蚀}$，用下式直接估算淤积库容 $V_{淤}$：

$$V_{淤}=0.5mM_{蚀}FT。 \tag{6.6}$$

式中：$M_{蚀}$ 为多年平均年侵蚀模数；F 为坝址以上流域面积，km^2；一般中小型水库无排沙设备，采用 $m=1$；T 为设计水库使用年限。

2. 死水位

确定死水位所应该考虑的主要因素包括：①保证水库在使用年限内有足够的供泥沙淤积的库容；②保证水电站所需要的最低水头和自流灌溉必要的引水高程；③满足库区航深和渔业的要求；④满足旅游、水质方面的要求。

在此设计中，最低水头和引水高程为 9 m，在后续计入损失的兴利调度之后，月末库容水位中可以核对。该设计无库区航深、渔业、旅游和水质要求。根据实际需求选定灌溉发电引水管外径 $D_{外}$ 为 1.0 m，管底超高为 1.5 m，管顶安全水深为 1.0 m。

(1)按泥沙淤积要求计算淤积库容及淤积水位。查水库水位 $Z–V$ 曲线求得 $Z_{淤}=$ 9.9 m。

(2)根据淤积水位确定死水位，计算公式为：

$$Z_{死}=Z_{淤}+管底超高+压力管外径+管顶安全水深。 \tag{6.7}$$

根据相关数据计算可得 $Z_{死}=9.9+1.5+1.0+1.0=13.4(m)$。

(3)根据发电、淤积等要求，选其中水位较高者为死水位，其相应库容定为死库容(此处关于发电的用水量问题在兴利水库的调度中满足库容要求)。

3. 死库容

根据死水位，查水库 $Z–V$ 曲线，$V_{死}=634$ 万 m^3。此设计中月均用水量、水位均分配满足发电要求，故直接选取对应死库容。

6.3.6　需水量估算

1. 灌溉用水量

取最大实际灌溉面积 12.85 万亩, 以当地主要作物确定灌溉用水量, 根据相关作物农业用水季节变化, 按月分布制作灌溉用水量成果表, 确定每月灌溉用水量以及总用水量。

显岗灌区需水灌溉面积为 7.25 万亩, 其中水田 5.56 万亩, 旱地 1.69 万亩。灌溉地区属湿润丰水地区, 水田作物主要以水稻为代表, 旱地作物主要以花生为代表。根据《广东省灌溉用水定额编制》, 早稻用水量取 360 m^3/亩, 晚稻用水量取 422 m^3/亩, 花生用水量取 113 m^3/亩, 选定灌溉设计保证率为 $P = 90\%$。

广东水稻常见一年两熟, 早稻种植于 4—7 月, 晚稻种植于 8—10 月; 广东花生常见一年两熟, 种植于 3—6 月和 8—12 月。计算得显岗灌区灌溉用水量成果(表 6.14)。

表 6.14　显岗灌区灌溉用水量成果

单位: 万 m^3

月份	4	5	6	7	8	9	10	11	12	1	2	3	全年
用水量	500	548	548	548	826	826	826	48	48	0	0	48	4718

2. 发电、工业用水量

显岗水库右岸坝后电站装机容量为 2×500 kW, 本次设计左岸电站改建后, 相应装机容量为 3×250 kW, 左右岸坝后电站总装机容量为 1750 kW, 多年平均发电量 142.33 万 kW·h。本次设计中, 发电额定容量为 250 kW 的水轮机额定流量为 3.57 m^3/s, 发电额定容量为 500 kW 水轮机的额定流量为 6.43 m^3/s。

经计算得年发电用水为 6901.3 万 m^3, 平均每月发电用水量约为 575 万 m^3。

显岗水库需向湖镇镇提供工业用水达 5 万 t/日。

表 6.15　工业用水量成果

单位: 万 m^3

月份	4	5	6	7	8	9	10	11	12	1	2	3	全年
用水量	150	155	150	155	155	150	155	150	155	155	140	155	1825

6.3.7 兴利调度计算

1. 不计损失年调节计算

制作年调节库容计算表，将设计年径流年内分配计算表中每月份的水库来水填入表中。比较来水量和用水量，算出并填入余水量和亏水量，求得总余水量。根据水库蓄水用水分配用水，计算弃水量。

根据表格初步计算，可知存在两个余水期、两个亏水期，显然水库是二次运用，$W_1 = 9571$ 万 m^3，$W_2 = 197$ 万 m^3，$W_3 = 195$ 万 m^3，$W_4 = 5986$ 万 m^3。

故水库兴利库容取 $W_2 + (W_4 - W_3)$ 和 W_4 之间的较大者。兴利库容 $V_兴 = 5988$ 万 m^3。则最大时段末蓄水库容 $= V_死 + V_兴 = 6622$ 万 m^3。由 3 月末 $V_死 = 634$ 万 m^3 起算，可以采用先蓄后弃的方式，以 6622 万 m^3 为控制数，若大于控制数，则多余水量定为弃水量。

表 6.16　不计损失年调节计算

时间	来水量	用水量	$W_来$ +	$W_用$ −	($W_来$、$W_用$)月末	月末库容 V	弃水量 Q	备注
1	219	730	−511	511	6400	3411		
2	0	725	−725	725	5675	2686		供水
3	851	1353	−502	502	0(5173)	634		
4	2525	1225	1300	−1300	1300	1934		
5	3915	1278	2637	−2637	3937	4571		
6	6364	1273	5091	−5091	9028	6622	3040	蓄满有弃水
7	1821	1278	543	−543	9571	6622	543	
8	1359	1556	−197	197	9374	6425		供水
9	1746	1551	195	−195	9569	6620		蓄水
10	141	1556	−1415	1415	8154	5205		
11	183	773	−590	590	7564	4615		供水
12	125	778	−653	653	6911	3962		
合计	19249	14076	9766	4593			3583	
余水量	5173		5173					

2. 蒸发渗透损失

蒸发量参考表 6.4。根据库区水文地质资料分析，该地区属于水文地质条件较差的地区，故渗漏损失估算值取月平均蓄水量的 1.5%。

3. 计入损失年调节计算

制作时段蒸发损失量计算表，并将计算得水库损失水量填入表格中。同样算出渗漏损失，并填入年调节库容计算表格。计算结果如表 6.17 所示。

表 6.17　计入损失年调节计算

时间	来水量	用水量	月末库容 V	平均库容	平均库容水面面积	损失水量 蒸发	渗漏	共计	计入损失用水量	$W_来$ +	$W_用$ −	($W_来$、$W_用$) 月末	计入损失的月末库容	弃水量 Q	计入损失的月末库水位
			3962												
1	219	730	3411	3686.5	385.30	38.68	55.30	93.98	823.98		605.0	5010.01	1979.59		17.71
2	0	725	2686	3048.5	370.00	32.78	45.73	78.51	803.51		803.5	4206.5	1176.08		15.32
3	851	1353	634	1660	140.93	15.18	24.90	40.08	1393.08		542.1	0(3664.42)	634		10.03
4	2525	1225	1934	1284	321.88	40.69	19.26	59.95	1284.95	1240.1		1240.05	1874.05		15.64
5	3915	1278	4571	3252.5	415.46	65.19	48.79	113.98	1391.98	2523.0		3763.07	4397.07		22.41
6	6364	1273	6622	5596.5	460.50	76.81	83.95	160.76	1433.76	4930.2		8693.31	6010.82	3316.5	26.01
7	1821	1278	6622	6622	460.50	95.74	99.33	195.07	1473.07	347.9		9041.24	6010.82	347.9	26.01
8	1359	1556	6425	6523.5	456.65	88.41	97.85	186.26	1742.26		383.3	8657.98	5627.56		25.29
9	1746	1551	6620	6522.5	460.50	81.83	97.84	179.67	1730.67	15.3		8673.31	5642.89		25.33
10	141	1556	5205	5912.5	431.60	74.02	88.69	162.71	1718.71		1577.7	7095.6	4065.18		21.59
11	183	773	4615	4910	417.06	56.05	73.65	129.70	902.70		719.7	6375.9	3345.48		19.75
12	125	778	3962	4288.5	397.62	43.58	64.33	107.91	885.91		760.9	5614.99	2584.57		19.33
合计	19249	14076				1508.565		15584.57	9056.6	5392.1				3664.4	
亏水量 5173								3664.4							

水库兴利库容取 $W_2+(W_4-W_3)$ 和 W_4 之间的较大者，故兴利库容 $V_兴$ = 5376.82 万 m³。则最大时段末蓄水库容 = $V_死$+$V_兴$ = 6010.82 万 m³。由 3 月末 $V_死$ = 634 万 m³ 起算，可以采用先蓄后弃的方式，以 6010.82 m³ 为控制数，若大于控制数，则多余水量定为弃水量。

4. 正常蓄水位

在供水期初，水库兴利库容蓄满，由死库容与兴利库容之和即最大库容 6010.82 万 m^3，在 Z-V 曲线上查得正常蓄水位 $Z_{正常}=26.01$ m，由死库容查得水库消落深度为 15.98 m。

参考文献

广东省水文总站. 广东省暴雨径流查算图表使用手册[M]. 广州：广东省水利局，1991.

广东省水文总站. 广东省水文图集[M]. 广州：广东省水文总站，1991.

苏明娟，王超，陈子平. 广东省农业用水定额编制概述[J]. 广东水利水电，2017(5)：25-29.